Scratch · Arduino · Leap Motion

스크래치 아두이노 립모션

우지윤 저

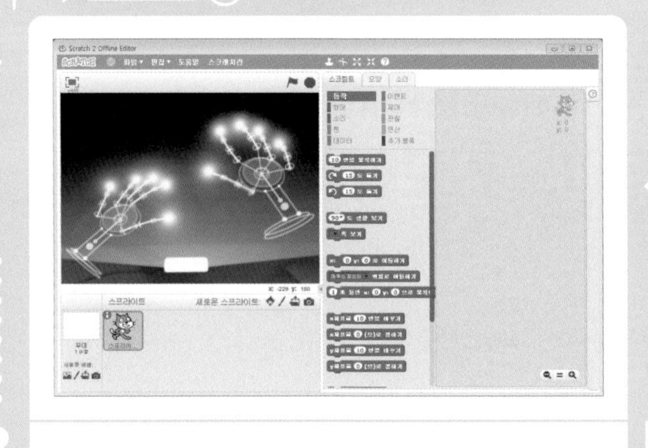

저자 약력

우지윤

- 한양대 전자통신컴퓨터 공학부 졸업
- (전) 소프트웨어 교육 연구소 연구원
- 경기콘텐츠진흥원 아두이노, S4A 세미나 강사
- 카이스트 융합교육연구센터 개도국 과학기술지원사업 베트남 강사
- (현) 대디스랩 책임 연구원
- 스크래치 for 아두이노 집필(2015)

참고 글

본 책에 포함된 내용에 대한 문의 사항은 저자의 이메일(wootekken@naver.com)로 보내주시길 바랍니다.
그리고 이 책에 있는 프로젝트의 작동 영상을 저자의 유튜브 채널(https://www.youtube.com/channel/UCxQtw5RK0CuvNFSc3SEU8ow/videos, 또는 유튜브에서 'woo duino' 검색)에서 확인할 수 있습니다.

Scratch · Arduino · Leap Motion 스크래치 아두이노 립모션

| 만든 사람들 |

기획 IT · CG 기획부 | **진행** 양종엽 · 신은현 | **집필** 우지윤 | **편집 디자인** studio Y | **표지 디자인** 김진

| 책 내용 문의 |

도서 내용에 대해 궁금한 사항이 있으시면,
디지털북스 홈페이지의 게시판을 통해서 해결하실 수 있습니다.

디지털북스 홈페이지 : www.digitalbooks.co.kr
디지털북스 페이스북 : www.facebook.com/ithinkbook
디지털북스 카페 : cafe.naver.com/digitalbooks1999
디지털북스 이메일 : digital@digitalbooks.co.kr
저자 블로그 : blog.naver.com/wootekken
저자 이메일 : wootekken@naver.com

| 각종 문의 |

영업관련 hi@digitalbooks.co.kr
기획관련 digital@digitalbooks.co.kr
전화번호 02 447-3157~8

이제 선진국뿐만 아니라 우리나라에서도 소프트웨어 교육을 초, 중, 고등학교에서 시작할 예정입니다. 요즘은 어린 학생들도 쉽게 소프트웨어를 배우고 프로그램을 만들 수 있게 해주는 도구들이 많이 나와 있습니다. 그 중에서 "스크래치"는 전 세계적으로 가장 많이 사용하고 있는 소프트웨어 교육용 프로그래밍 언어로써, 학생들과 비전공자 성인들도 소프트웨어를 재밌게 배울 수 있게끔 만들어져 있습니다.

덕분에 우리나라에서도 스크래치를 경험해 본 사람들이 늘고 있습니다. 여기저기서 무료로 스크래치 세미나와 캠프 등이 열리기도 합니다. 그러다 보니 자연스럽게 스크래치로 할 수 있는 또 다른 무언가를 찾는 사람 또한 늘고 있습니다.

그런 이유로 필자는 "스크래치 for 아두이노(디지털북스, 2015)"라는 책을 썼습니다. 많은 분들이 이 책을 보고 스크래치를 이용해 더 재밌는 심화과정을 접할 수 있게 되었습니다. 필자는 이에 더해서. 립모션이라는 신기술을 스크래치에 접목시킨 프로젝트와, 무선으로 RC카를 제어하는 프로젝트를 더 알려야겠다는 생각을 했습니다. 스크래치를 익히고, 스크래치 for 아두이노를 통해서 아두이노를 접해 본 뒤, 이 책을 보신다면 차례 차례 심화된 내용을 접할 수 있고 그 흥미도가 더욱 높아질 것입니다.

내가 알고 있는 소프트웨어 지식을 이용해 프로그램을 만들고 세상에 도움을 줄 수 있다면 정말 좋은 일 일 것입니다. 그리고 한 발 더 나아가 소프트웨어와 하드웨어를 융합해서 만든 프로젝트를 세상에 내놓는 것도 교육적으로나 개인적으로 큰 가치가 있습니다. 모쪼록 학교에서 소프트웨어 교육을 이끌고 계시는 선생님들, 교육을 받고 있는 학생들, 취미로 하시는 개인분들 등 많은 분들이 이 책을 통해서 소프트웨어의 참 의미와 가치를 느낄 수 있기를 바랍니다.

이 자리를 빌어 책의 수정 과정에서 저자를 잘 이끌어 준 디지털북스의 양종엽 차장님께 감사하다는 말씀을 전합니다. 그리고 아들의 책을 가장 기다리고 있을 부모님께 이 책을 바칩니다.

우 지 윤

CONTENTS

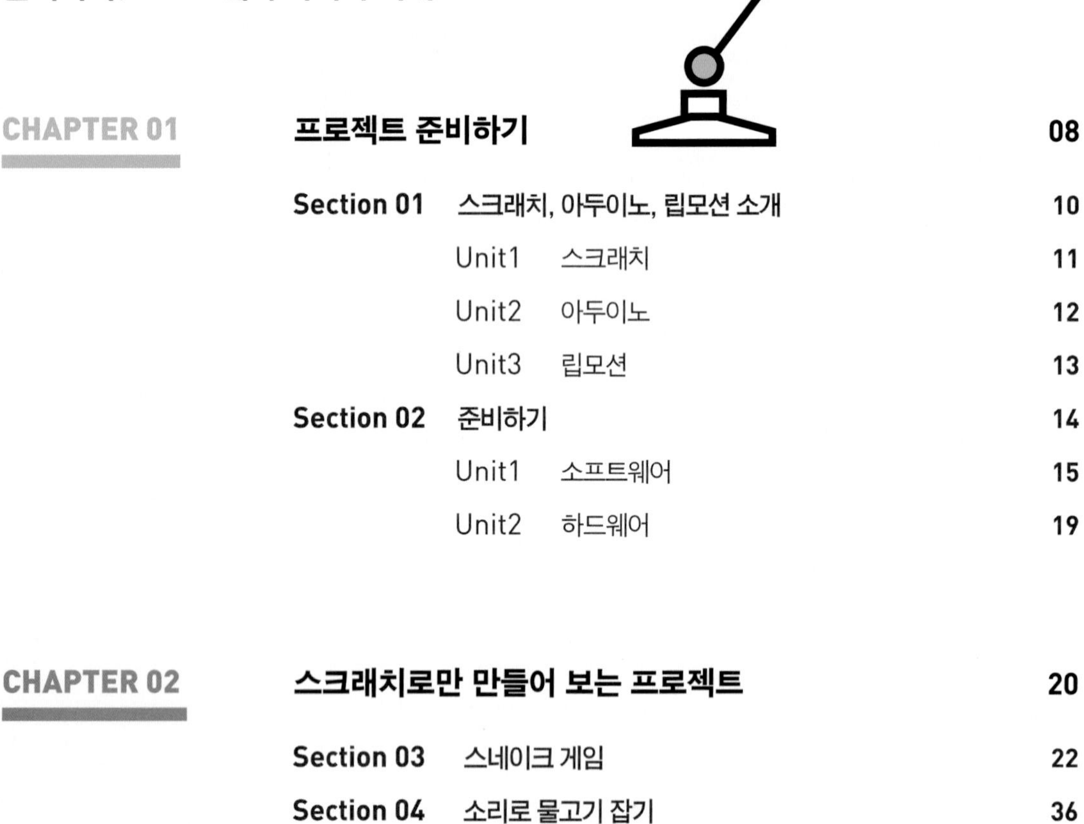

SCRATCH

CHAPTER 01

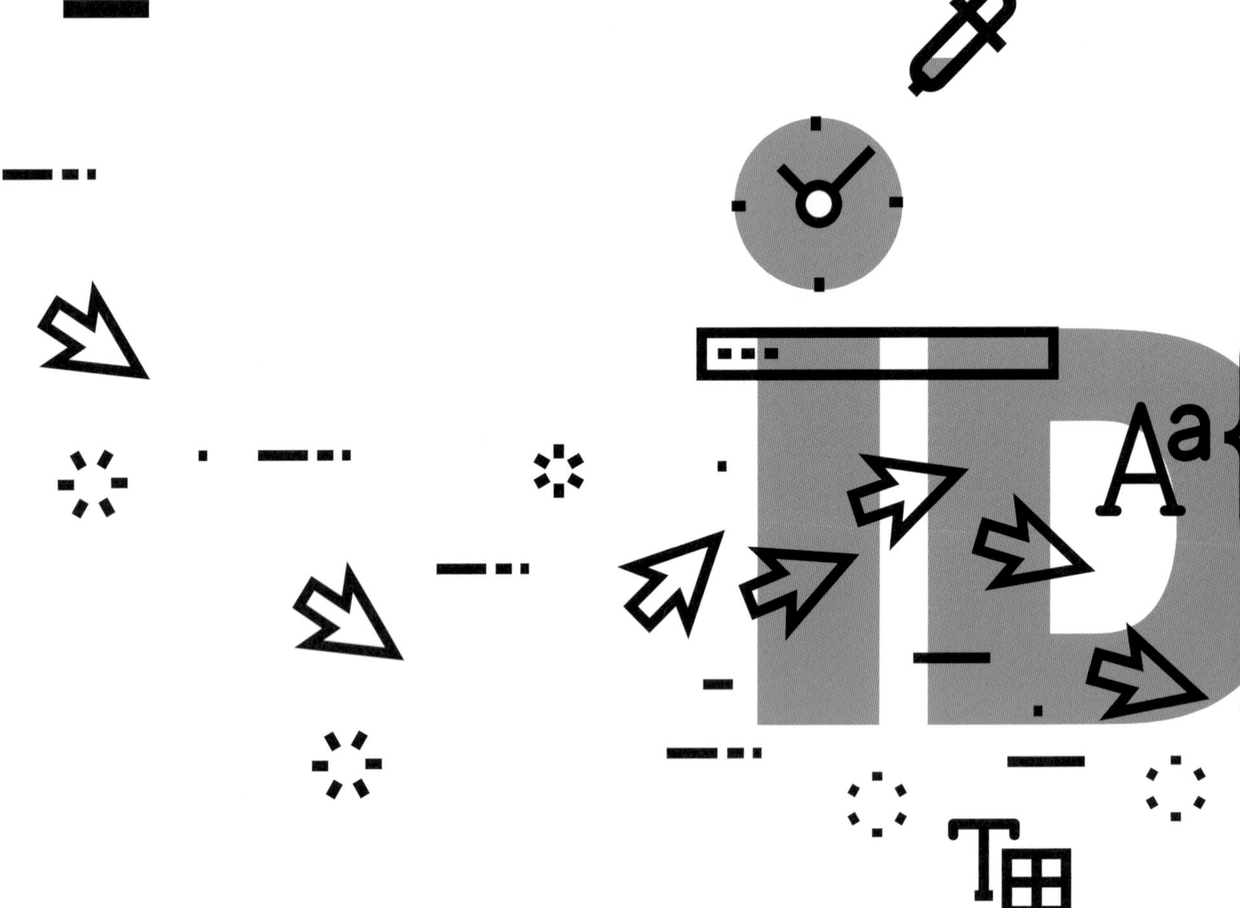

프로젝트 준비하기

스크래치, 아두이노, 립모션 소개

UNIT 1

스크래치

스크래치는 미국 MIT 미디어랩의 Lifelong Kindergarten Group에서 만든 무료 프로그래밍 소프트웨어입니다. 스크래치는 주로 8 ~ 16세를 대상으로 만들어졌습니다만, 현재는 모든 연령층에서 사용하고 있습니다. 인문학이나 예술학을 전공한 대학생, 초등학생 자녀를 둔 학부모, 컴퓨터를 잘 모르는 학교 선생님 등 여러 직군에 있는 수백만의 사람들이 다양한 환경에서 스크래치를 배울 수 있고 여러 가지 작품을 만들 수 있습니다. 스크래치는 프로그래밍을 배우는 입문단계에서 가장 쉽고 사용자 친화적인 소프트웨어입니다.

스크래치가 탄생된 이유는 21세기 컴퓨터 혁명이 가져온 오늘날의 사회 구조적 변화 때문입니다. 현대 사회에서 컴퓨터가 영향을 주지 않는 곳은 거의 없을 정도로 컴퓨터의 보급과 파급효과는 실로 엄청납니다. 우리 주변을 둘러보십시오. 아버지가 일하시는 회사에서 사용되는 개인용 컴퓨터와 서버용 컴퓨터, 가정과 학교에서 컴퓨터로 숙제를 하는 학생들, 컴퓨터 프로그램에 의해 작동되는 신호등, 자판기, 버스 도착알림장치, 그리고 일상생활에 다양하게 이용되는 스마트폰의 각종 앱 등 인간 세상을 더 풍요롭게 만들어 주고 있는 중심에는 바로 컴퓨터가 있습니다.

따라서 컴퓨터 프로그래밍 능력은 현대 사회에서 한 나라가 선진국으로 도약할 수 있느냐를 가름하는 기준이 됩니다. 컴퓨터 프로그래밍은 몇 년 전까지만 하더라도 대학교 학부 전공자 이상만 접해볼 수 있는 영역이었지만, 이제는 아이들도 쉽게 컴퓨터 프로그래밍을 경험하고 스스로 프로그램을 만들어 볼 수 있는 환경들이 생겨나고 있습니다. 그 중에서 스크래치는 150개 이상의 나라에서 40개 이상의 언어로 사용되고 있으며 전 세계적으로 가장 많이 사용되고 있는 교육용 프로그래밍 소프트웨어입니다. 그리고 온라인, 오프라인 둘 다 사용할 수 있을 뿐 아니라 아두이노 같은 하드웨어와 연동되어 로봇까지도 만들 수 있습니다. 최근에는 수학, 예술, 과학 등의 영역과 융합된 교육으로도 발전하고 있습니다. 더 놀라운 것은 스크래치를 이용하는 것이 무료라는 사실입니다.

- 스크래치 공식 홈페이지 http://scratch.mit.edu
- 스크래치 사용자 통계 보기 http://scratch.mit.edu/statistics

UNIT 2

아두이노

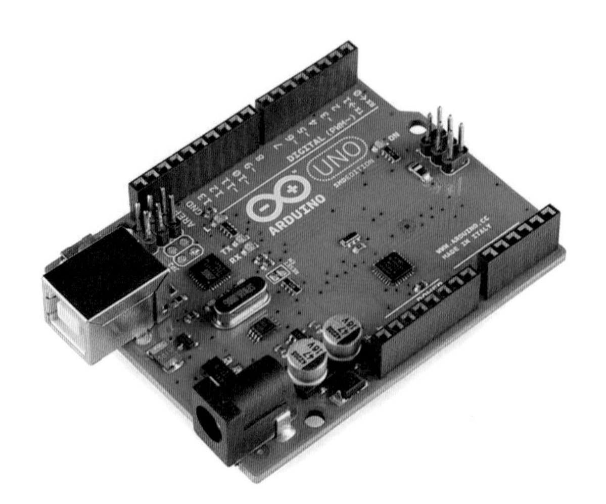

아두이노 보드

소프트웨어 분야에서 쉽게 배울 수 있는 프로그래밍 언어로 스크래치가 있다면, 하드웨어 분야에서는 아두이노라는 것이 있습니다. 아두이노는 아두이노 보드라는 하드웨어와 아두이노 스케치라는 소프트웨어를 총칭하는 말입니다. 아두이노 보드는 작은 컴퓨터로써 각종 센서나 모터, LED, 스위치 등의 전자부품과 결합되어 다양한 하드웨어 작품을 만들어 볼 수 있게 해주는 장치입니다. 아두이노 스케치는 C/C++을 입력하여 아두이노를 제어할 수 있게 해주는 무료 소프트웨어 개발 환경입니다.

아두이노는 공학을 전공하지 않아도 쉽게 배울 수 있고 본인만의 작품을 만들 수 있습니다. 또한 다양한 소프트웨어와 연동시키면 더 멋지고 유용한 작품들을 만들 수 있는데, 이 책에서는 스크래치와 아두이노를 함께 결합한 프로젝트들이 소개되어 있습니다.

아두이노는 초등학생 ~ 대학생 뿐만 아니라 하드웨어 제품을 만들고 싶어 하는 비전공자나 비전문가들도 많이 사용하는 도구입니다.

아두이노에 대한 정보를 더 원하시면 아두이노 공식 홈페이지 : www.arduino.cc 에 가보시면 됩니다. 홈페이지 첫 화면에 아두이노를 만드신 Massimo Banzi의 Ted영상도 함께 보시면 아두이노를 이해하는 데에 도움이 되실 겁니다.

UNIT 3

립모션

립모션

립모션은 내부에 있는 적외선 카메라 센서를 이용해 사람의 손동작을 감지하여 가상현실 게임, 미디어 어플리케이션을 손짓으로 작동시킬 수 있도록 하는 가상현실 입력도구입니다.
립모션을 컴퓨터에 연결하고 립모션 위에서 손을 움직이면 미세한 손동작이 컴퓨터로 전송됩니다. 이 손동작을 다양한 프로그램 속에서 활용할 수 있는데, 우리는 스크래치에 손동작 데이터를 적용해서 여러 가지 프로젝트를 만들어 보려고 합니다.
립모션에 대한 소개는 글로 하는 것 보다 직접 동영상을 보시는 게 제일 좋습니다.
립모션에 대한 다양한 응용 사례를 보시려면 "https://youtu.be/_d6KuiuteIA" 유투브 사이트를 들어가 보세요. 또는 유투브에서 "leap motion"이라고 검색하면 많은 사례들이 나올 겁니다.

준비하기

이 책에서는 스크래치와 아두이노, 그리고 각종 전자부품들이 사용됩니다. 그래서 필요한 소프트웨어와 하드웨어 목록 및 설치 방법을 상세히 소개해드리겠습니다. 프로그램 다운과 설치, 하드웨어 준비를 잘 해놓으셔서 작품을 만드는 데에 어려움이 없기를 바랍니다.

01>> 컴퓨터 사양

스크래치와 아두이노를 사용하는 데에는 높은 컴퓨터 사양이 필요하지 않습니다. 하지만 나중에 립모션을 사용하려면 컴퓨터 최소 사양이 아래 정도는 되어야 합니다.

⊙ Windows 7, 8 또는 Max OS X 10.7 Lion,
AMD Phemon II 또는 Intel Core i3, i5, i7 processor,
2GB RAM, USB2.0 port, internet connection

02>> 소프트웨어

스크래치 2.0, 코드아이(스크래치 2.0 은길샘 버전), S4A(스크래치 citiLab 버전 1.6), Leap Motion App Home, Scratch 2.0 Plugin for Leap Motion

스크래치 2.0 설치하기

01 https://scratch.mit.edu 에 접속합니다.

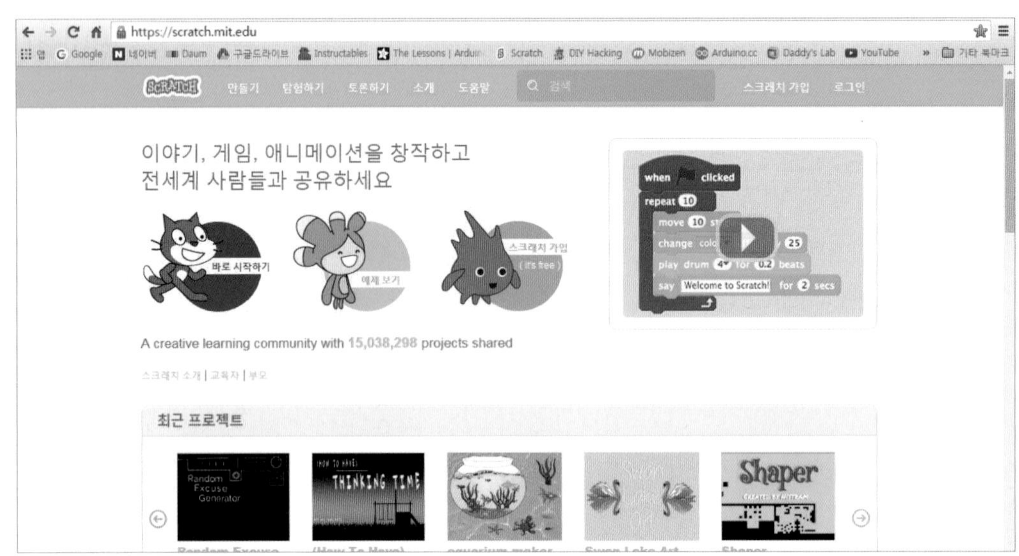

스크래치 공식 홈페이지

02 홈페이지 첫 화면의 가장 아래쪽으로 가서 "오프라인 에디터"를 클릭합니다.(우리는 오프라인 스크래치를 컴퓨터에 설치하여 작품을 만들 겁니다.)

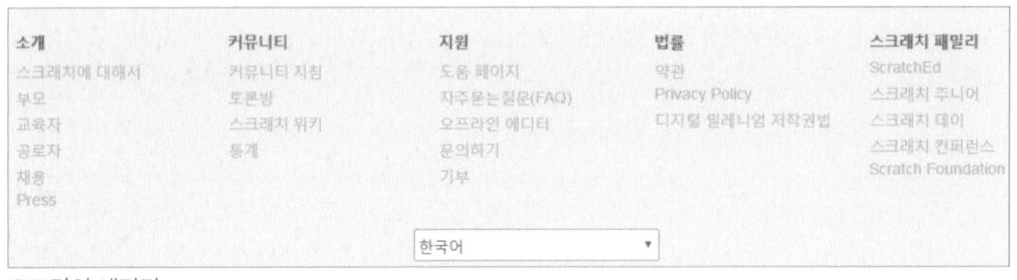

오프라인 에디터

03 아래 그림처럼 화면이 뜨면, 각자의 컴퓨터 OS에 맞춰서 Adobe AIR를 다운로드 받고 설치를 합니다. 그 다음에 Scratch Offline Editor를 다운로드 받고 설치합니다.

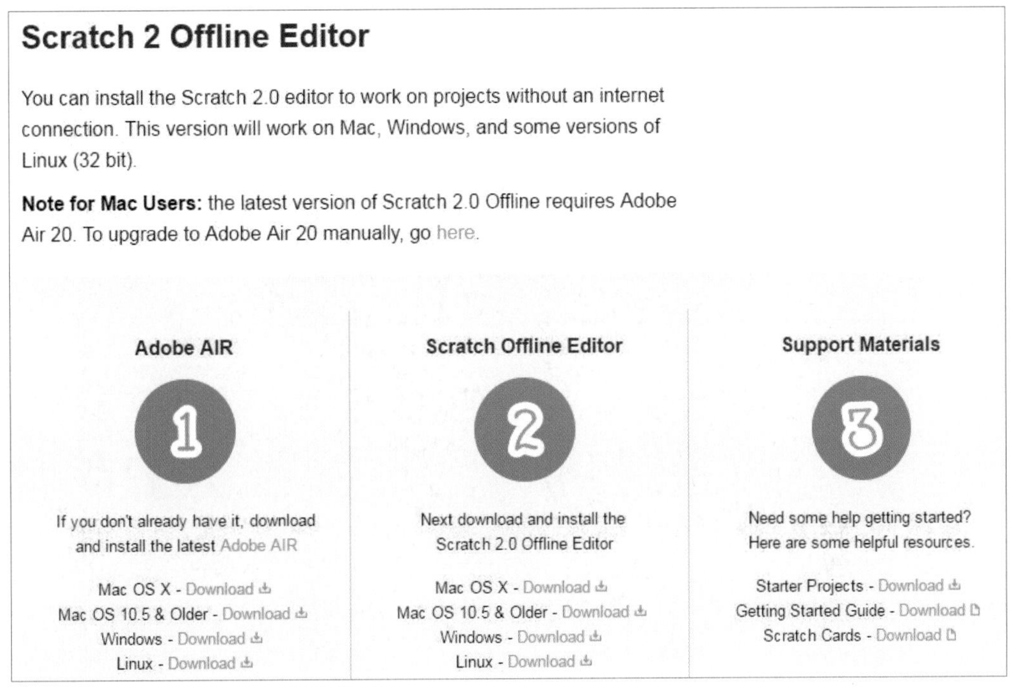

Adobe AIR, Scratch Offline Editor 다운 및 설치

04 아래 그림과 같이 스크래치가 실행된다면 오프라인 스크래치 설치가 정상적으로 완료된 것입니다.

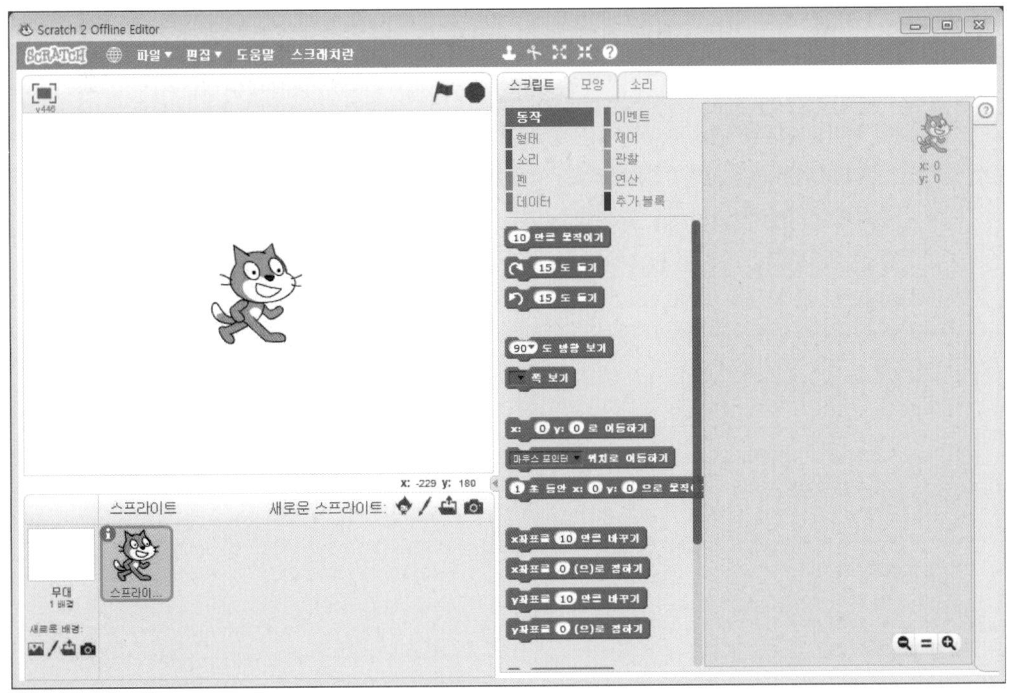

스크래치 2.0 설치 완료 모습

코드아이 설치하기

01 http://codei.kr에 접속합니다.(또는 네이버에서 "은길샘" 검색 후 나오는 상단 사이트 접속)

02 홈페이지 첫 화면의 메뉴에서 "피지컬 컴퓨팅" ➜ "코드아이"를 클릭하면 아래 그림과 같이 코드아이 게시판이 나타납니다.

번호	제목	글쓴이	날짜	조회 수
공지	[공개SW] 코드아이 아두이노 :: 아두이노&스크래치2.0 연동을 위한 미들웨어 [3]	커피한잔의여유	2014.10.14	2814
9	[안내] 피지컬컴퓨팅 및 메이커스 코딩 과정에 적용중인 하드웨어 및 소프트웨어 교육 환경	커피한잔의여유	2016.04.07	30
8	[소스]주차장 바리게이트-심화	현동림	2015.07.12	264
7	[소스] LED 바그래프 심화 소스	커피한잔의여유	2014.11.30	440
6	[원고] 코드아이 아두이노 교사연수 발명 DIY 프로그래밍 과정 원고 PDF 파일입니다.	커피한잔의여유	2014.11.16	711
5	[소스] 후방감지기 아두이노 IDE 소스 [1]	커피한잔의여유	2014.11.16	845
4	[자료] 에듀이노 기본 사용방법 안내 PPT & 문서 파일	커피한잔의여유	2014.11.06	744
3	DIY 발명 컴퓨팅 연수 자료	현동림	2014.10.30	512
2	[필독] 스크래치 2.0 오프라인 버전 설치 안내	커피한잔의여유	2014.10.30	836
1	[필독] Adobe AIR & 스크래치2.0 오프라인 버전 설치 안내	커피한잔의여유	2014.10.30	711

코드아이 게시판

03 코드아이 게시판에서 가장 상단에 있는 공지 "[공개SW]코드아이 아두이노 :: 아두이노&스크래치2.0 연동을 위한 미들웨어"에 들어가서 "코드아이 다운로드"를 클릭하여 코드아이를 다운로드 받습니다.

04 코드아이를 다운로드 받아서 압축을 풀면 아래 그림처럼 여러 가지 파일이 있습니다. 나중에 스크래치와 아두이노를 연동할 때 "코드아이"를 실행하라고 할 겁니다. 지금 실행해 보시고, "코드아이"가 실행이 되지 않으면 자바를 설치하셔야 합니다. 설치할 때는 **02** 항목에 있는 그림에서처럼, 코드아이 게시판에서 공지 4의 "애듀이노 기본 사용방법 안내 PPT&문서파일"에 들어가신 뒤 첨부파일에서 "애듀이노 사용법" 문서를 다운로드 받은 다음 참고하세요. 문서에는 애듀이노 설치라고 나와 있는데, 애듀이노는 코드아이의 옛날 이름(구버전)이며 파일 내용은 같습니다.(설치가 잘 안 되시면 필자 이메일 wootekken@naver.com으로 문의 주세요.)

코드아이 파일

> ※ 설치과정에 대한 어려움이 있으시면 필자의 네이버 블로그(http://blog.naver.com/wootekken)를 방문하셔서 설치 방법 동영상을 보시길 바랍니다.

UNIT 2

01>> 컴퓨터 주변기기

스크래치로 비디오 센싱 작품을 만들기 위해 카메라(웹캠)가 필요합니다. 노트북을 사용하시는 경우에는 카메라가 내장되어 있을 것이고, 데스크탑(PC)을 사용하신다면 외장 카메라를 별도로 설치하셔야 합니다.

02>> 부품

스크래치를 아두이노, 립모션과 연동해서 작품을 만드는데 추가적으로 필요한 전자 부품은 다음과 같습니다.

section7 : LED

section8 : 센서 쉴드

section9 : 아날로그 키패드, 서보모터

section10 : 미니선풍기

section11 : 가속도 센서

section15 : LED

section16 : 블루투스 모듈

section17 : 초음파 센서

section18 : RC카 키트

SCRATCH

CHAPTER 02

스크래치로만 만들어 보는 프로젝트

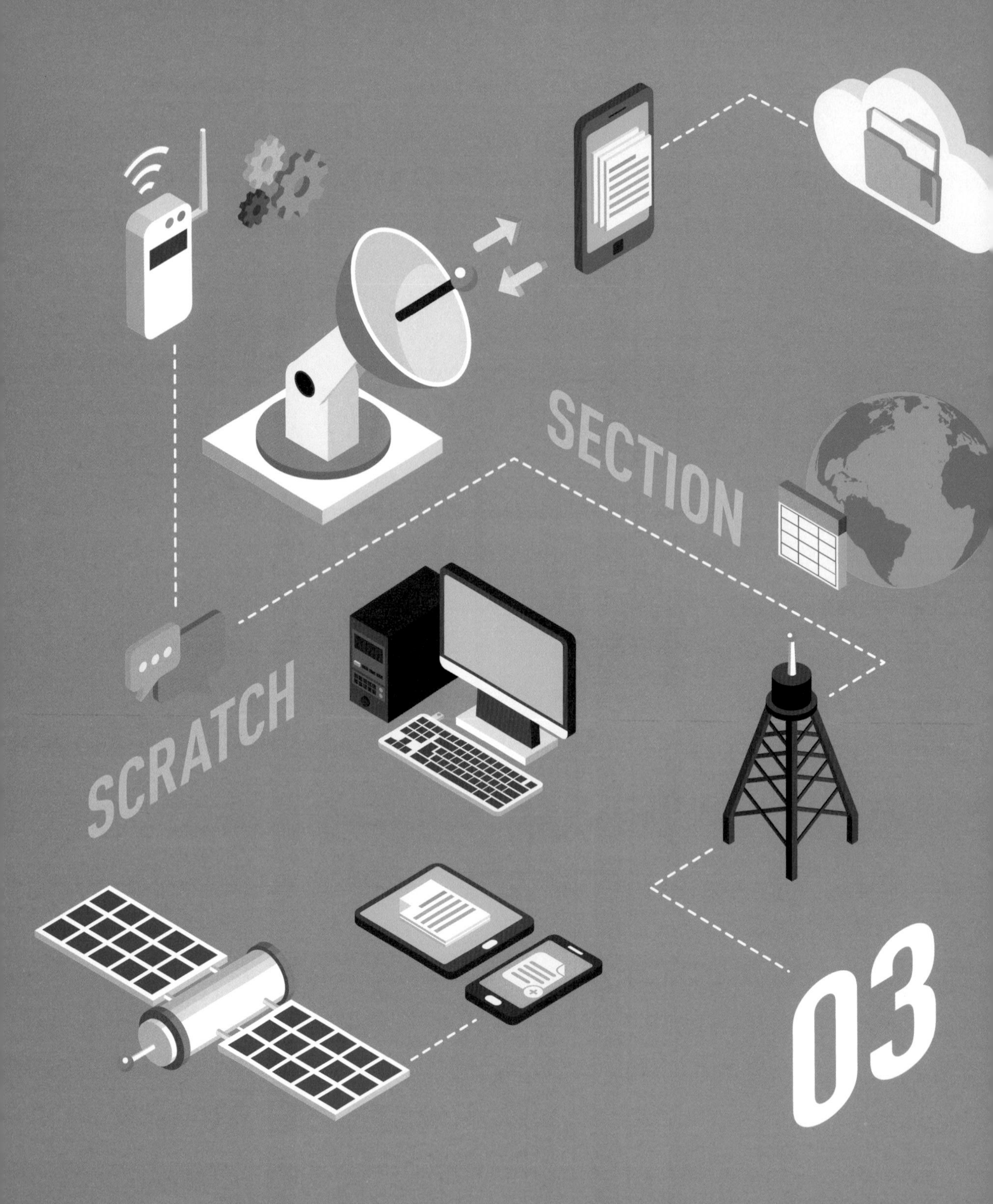

스네이크 게임

UNIT 1

스네이크 게임 SNAKE GAME

이 책에서 처음 만들어 볼 스크래치 게임은 "스네이크 게임"입니다. 아래 그림에 나와 있듯이, 기다란 파란색 띠 같은 것이 뱀이고 빨간색 네모는 뱀의 먹이입니다. 뱀이 먹이에 닿으면 뱀의 길이가 한 칸씩 늘어납니다. 뱀의 머리가 벽이나 자신의 몸에 닿은 경우에는 게임이 끝나고, 뱀의 길이가 2칸 이상이 될 경우에는 뒤로 움직일 수 없다는 조건을 정해봅시다. 그 다음에 이런 여러 가지 조건을 적용해서 스네이크 게임을 만들어 봅시다.

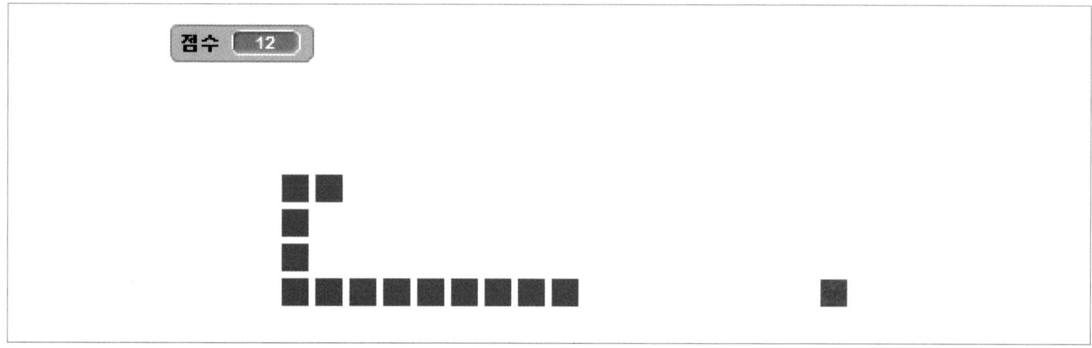

스네이크 게임 화면

01 스크래치 2.0 오프라인 에디터를 실행시킵니다.(다른 형태의 스크래치에서도 가능함)

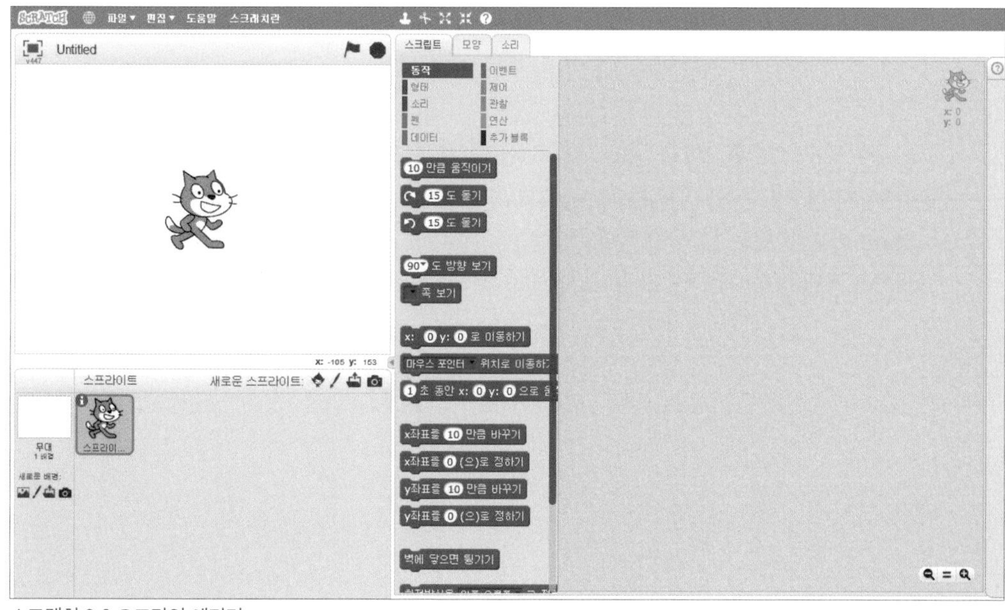

스크래치 2.0 오프라인 에디터

02 가장 먼저 필요한 스프라이트를 만들겠습니다. 고양이 스프라이트는 삭제해 주세요.

필요한 스프라이트

snake 스프라이트는 파란색 네모로 그리겠습니다. 스크래치에는 없는 스프라이트이기 때문에 "새 스프라이트 색칠"을 클릭해서 직접 그려야 합니다.

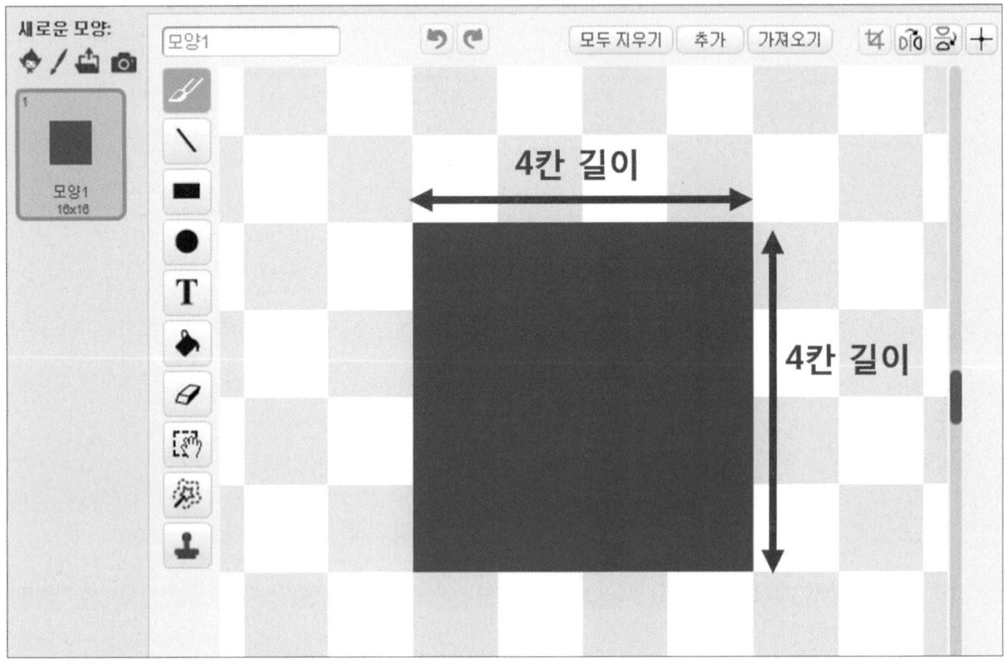

snake 스프라이트 그리기

snake 스프라이트를 2개 복사합니다. 하나는 빨간색으로 칠하고 이름을 "Apple"이라고 정합니다. 다른 하나는 하얀색으로 칠하고 이름을 "snake2"라고 정합니다.
Apple 스프라이트는 뱀의 먹이 역할입니다. snake2 스프라이트는 snake 스프라이트가 움직일 때 생기는 흔적(도장찍기)을 하얀색으로 덮어서 안 보이게 해주는 역할을 할 겁니다.

무대에서는 배경이 2개 사용 됩니다. 첫 번째 배경의 이름은 "게임배경"이고 그냥 하얀 바탕의 화면입니다. 다른 배경의 이름은 "게임종료"이고, snake 스프라이트를 움직이다가 벽에 닿거나 자기 자신의 몸에 닿을 때, 또는 2칸 이상의 뱀이 되었을 때 뒤로 가기를 누를 때 등 게임이 종료될 때 사용됩니다.

게임 배경 화면

03 이제, 이 게임을 만드는 데에 있어서 가장 중요한 이론을 먼저 설명하겠습니다. snake 스프라이트가 한 칸씩 움직이면서 Apple 스프라이트를 먹으면, snake 스프라이트가 한 칸씩 길어집니다. 이제 그림을 통해 설명하겠습니다. 가장 중요한 것은 흰색 snake2 스프라이트입니다.
아래 그림과 같이 파란색 네모의 snake 스프라이트와 빨간색 네모의 Apple 스프라이트가 있다고 가정합시다. snake 스프라이트는 오른쪽으로 움직일 예정입니다.

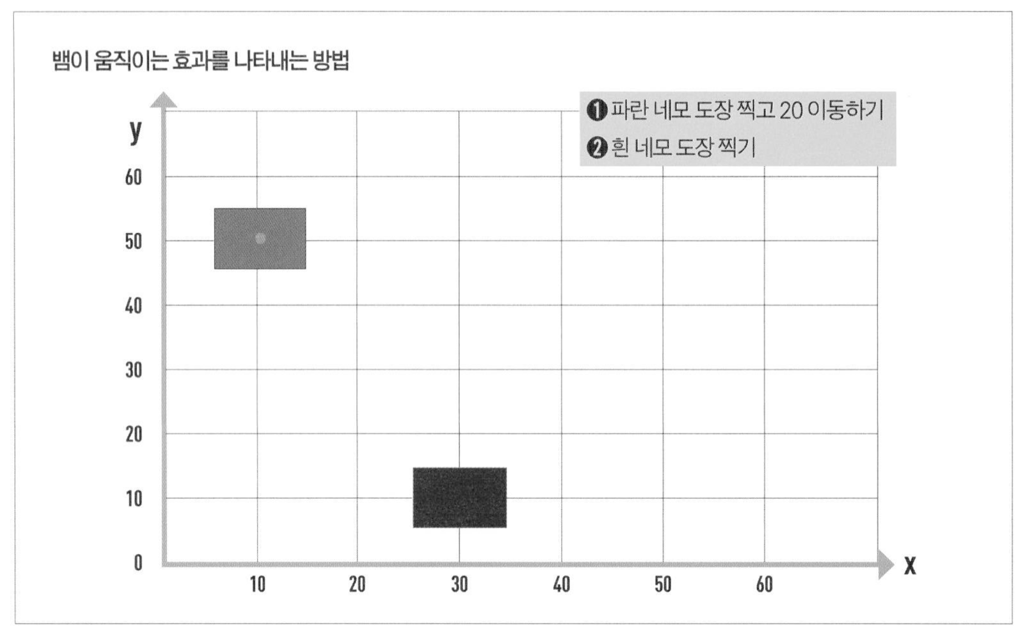

snake와 Apple 스프라이트

움직이기 바로 직전에 snake 스프라이트의 도장을 찍고 오른쪽으로 20만큼 움직입니다. 이 과정이 아래 그림에 나와 있습니다.

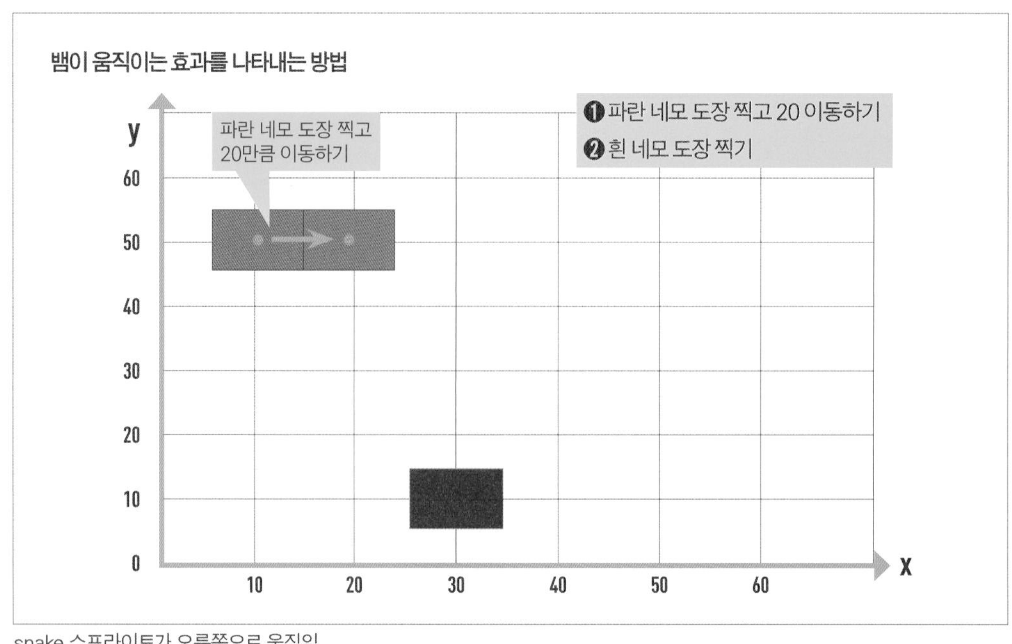

snake 스프라이트가 오른쪽으로 움직임

파란색 snake 스프라이트의 도장 찍힌 흔적은 과거의 스프라이트입니다. 이것은 먹이를 먹은 상태가 아니면 없어져야 하고, 먹이를 하나 먹었다면 그대로 남아있게 만들어 파란색 snake2의 네모가 총 두 칸이 되게끔 만들어 줄 겁니다.(뱀이 먹이를 먹으면 자라나는 효과)
현재는 먹이를 먹은 게 아닌 상태이므로 파란색 도장 흔적 위에 흰색 snake2 스프라이트 도장을 찍음으로써, 과거의 파란색 네모가 더 이상 보이지 않게 만들어 줍니다.

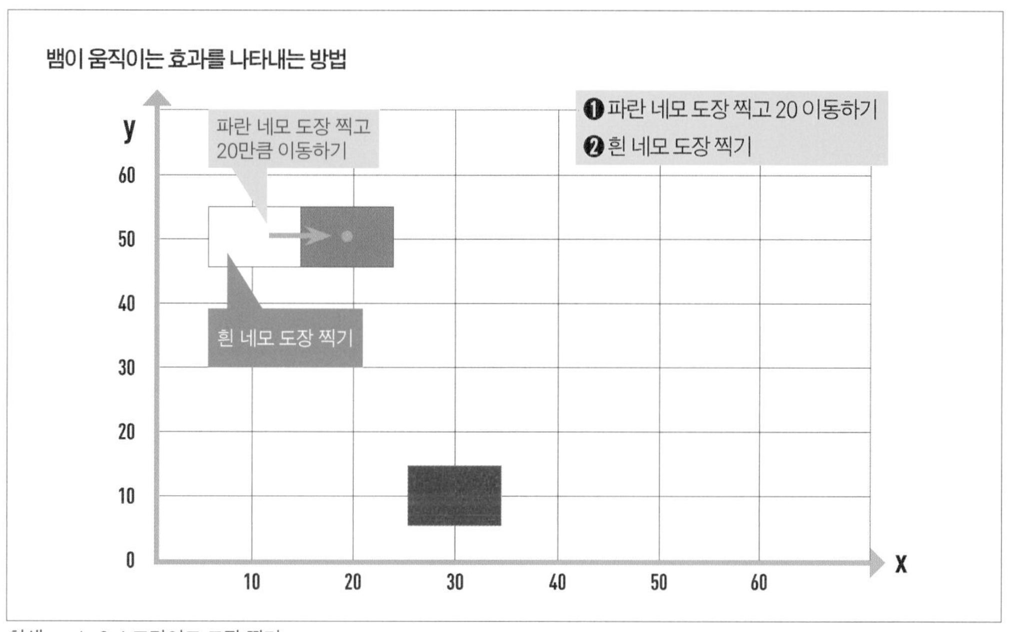

흰색 snake2 스프라이트 도장 찍기

이런 작업을 계속 반복하게끔 명령어를 만들어 주면 파란색 네모 하나만 자연스럽게 움직이는 효과를 만들 수 있습니다. 아래 두 그림을 보면 그 반복되는 과정이 나타나 있습니다.

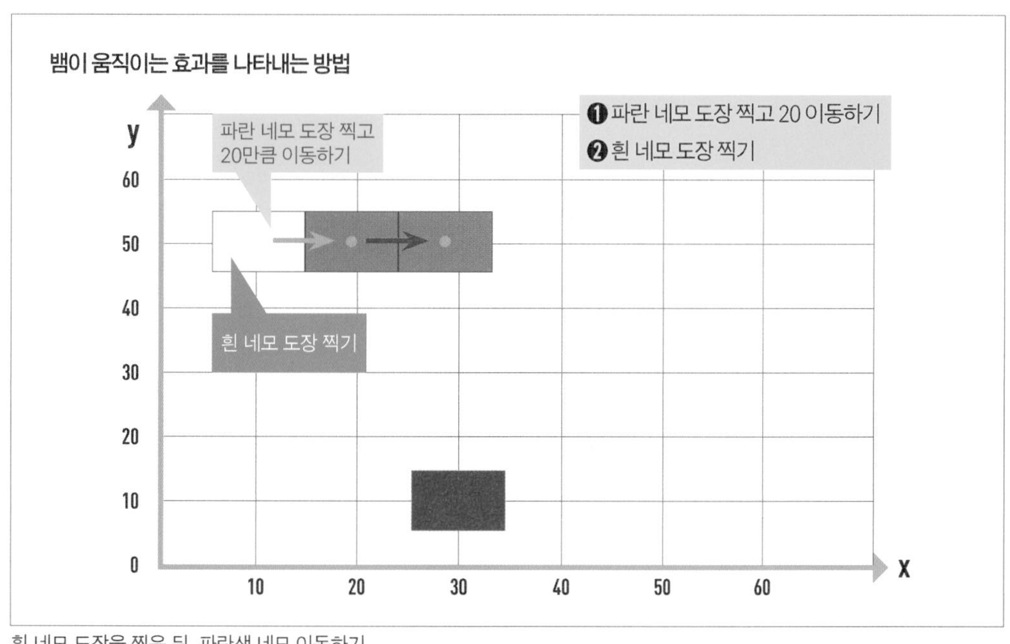

흰 네모 도장을 찍은 뒤, 파란색 네모 이동하기

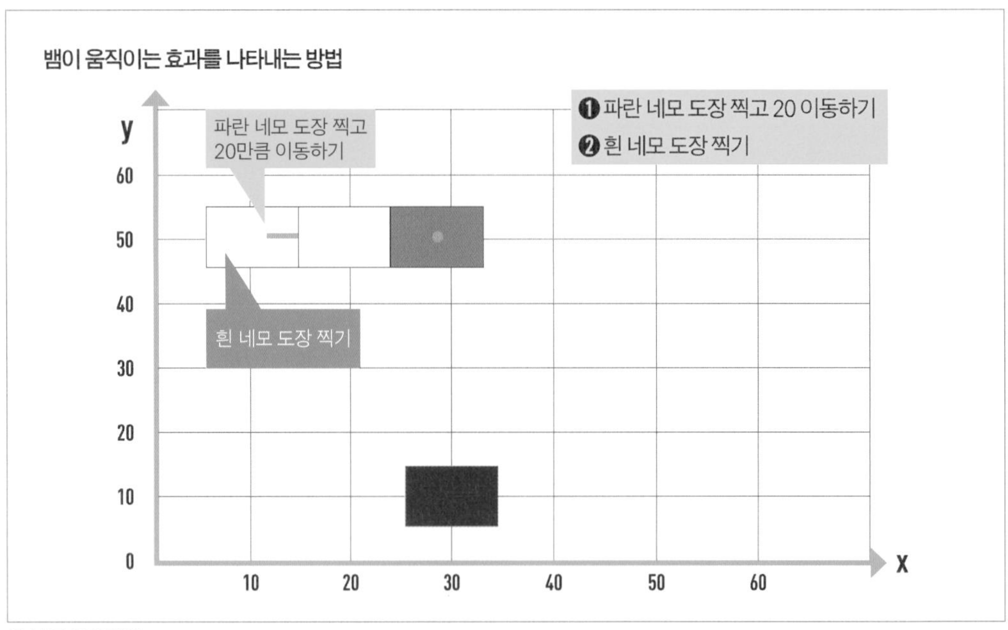

흰 네모 도장찍기

이제는 파란색 snake 스프라이트가 먹이를 먹는 과정의 이론을 설명하겠습니다. 아래 연속되는 두 그림처럼 파란색 snake 스프라이트가 빨간색 먹이 Apple 스프라이트를 향하여 움직이며 흰색 도장 찍기를 반복하고 있습니다.

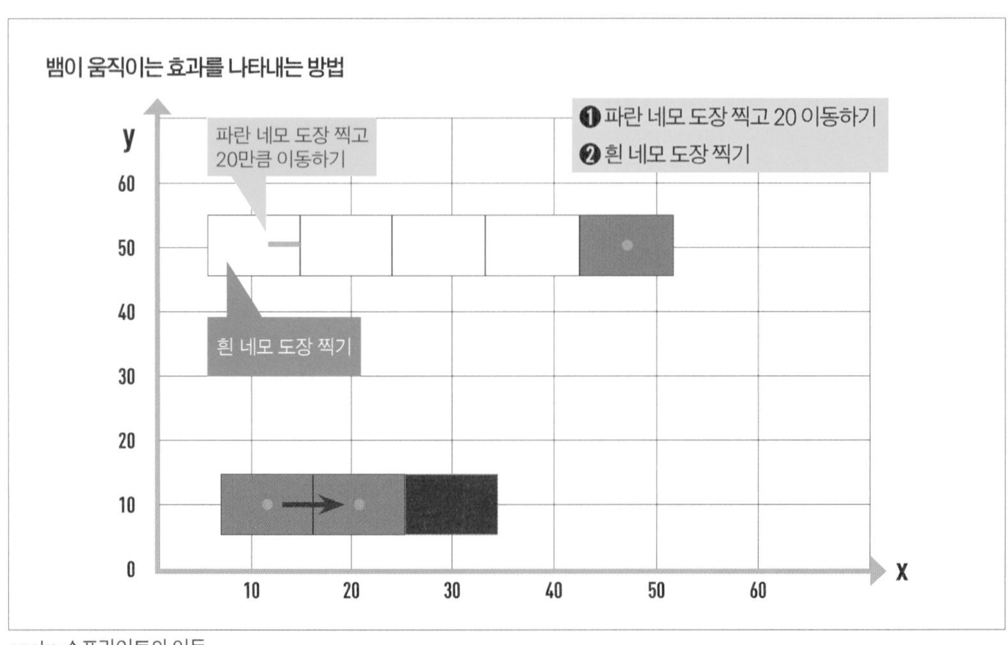

snake 스프라이트의 이동

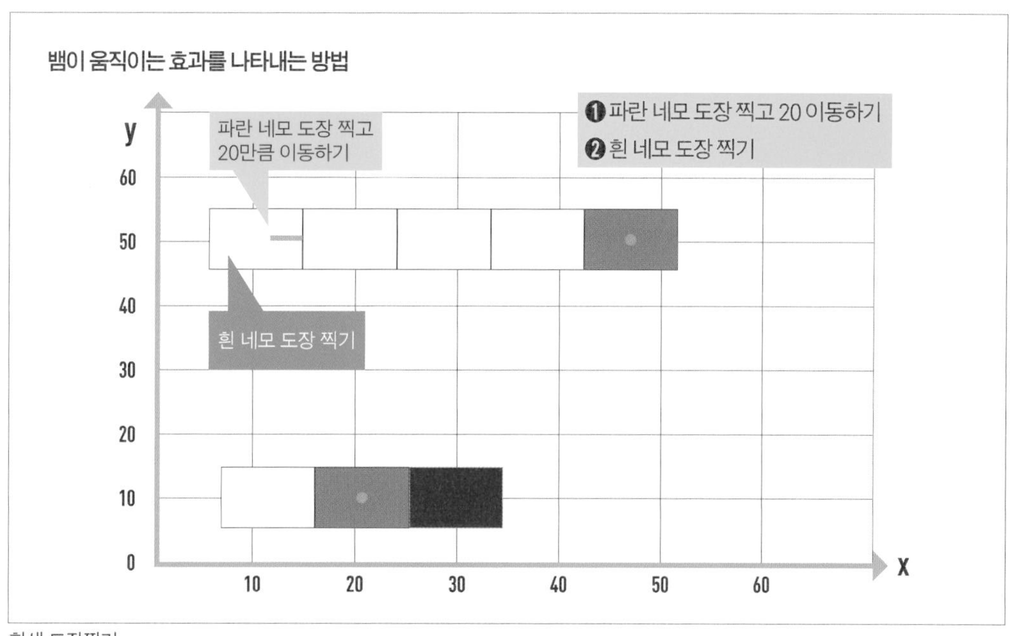

흰색 도장찍기

그러면 아래 그림처럼 파란색 snake 스프라이트가 빨간색 네모에 닿으면 먹이를 먹은 경우이므로 파란색 네모가 한 개 더 늘어나야 합니다. 그래서 이럴 때는 흰색 도장 찍기를 한 번 쉬어서 파란색 네모가 하나 더 보이게 놔둡니다.

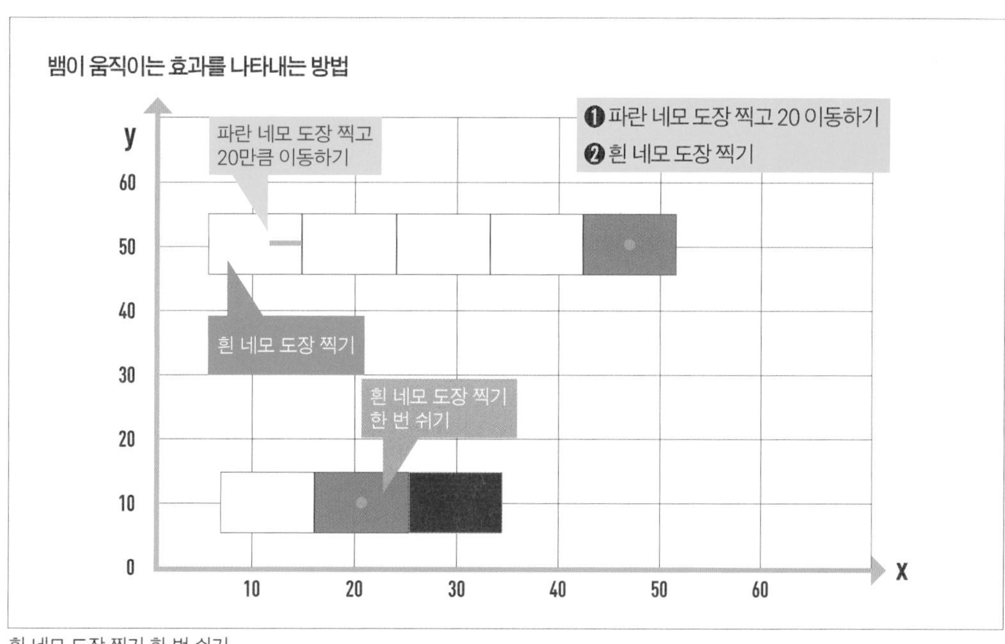

흰 네모 도장 찍기 한 번 쉬기

흰 네모 도장 찍기를 쉰 다음, 파란 네모를 다시 이동시키고 흰 네모 도장 찍기를 반복하는 과정을 계속하면 파란색 네모가 2개씩 이동하는 걸로 보입니다. 그 과정이 아래 두 그림에 나와있습니다.

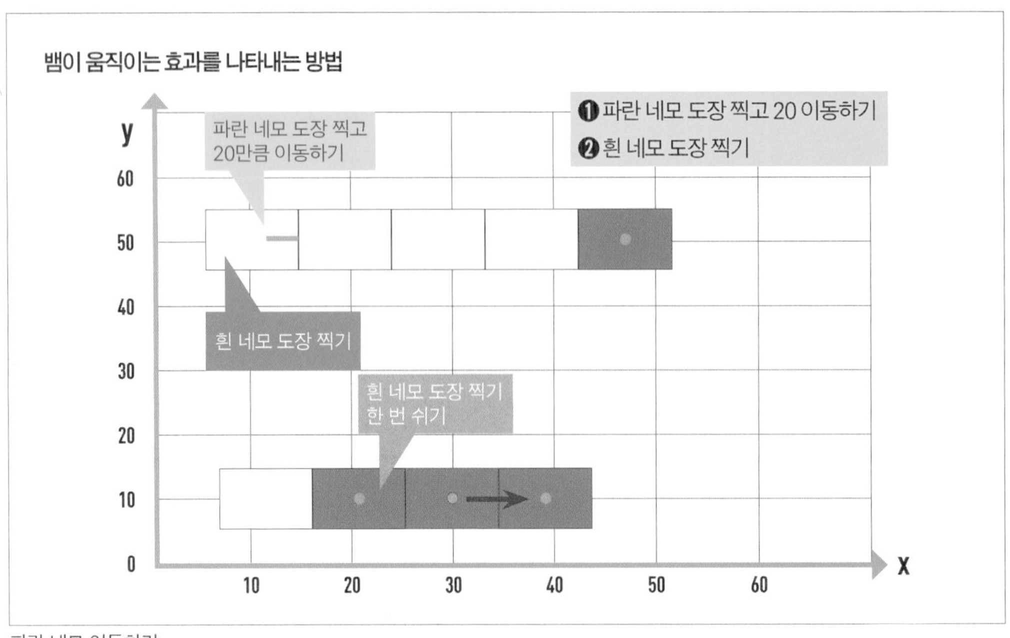

파란 네모 이동하기

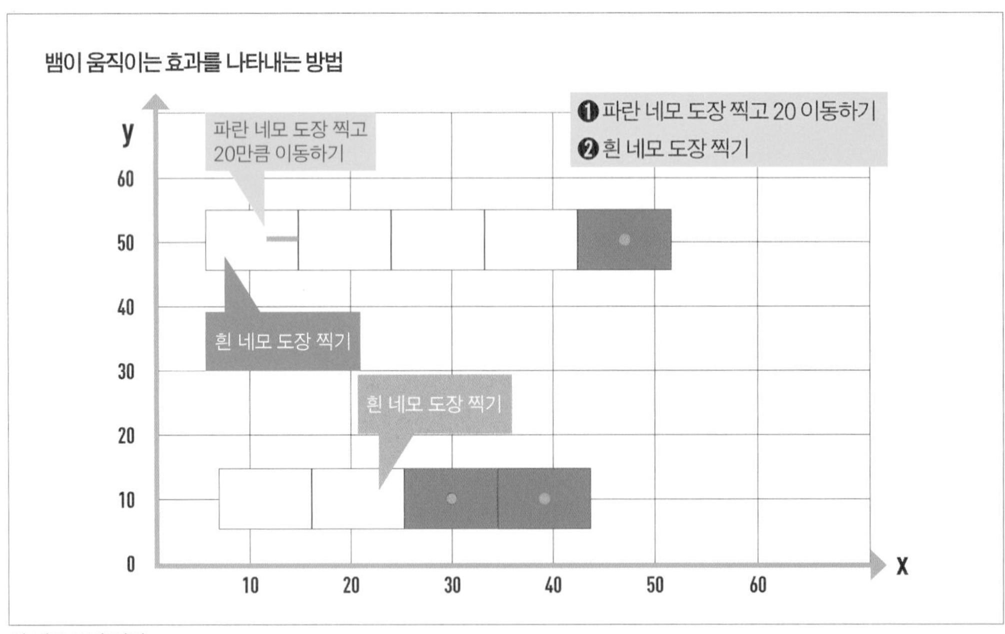

흰 네모 도장 찍기

04 이제는 위의 이론을 바탕으로 스크래치 명령어를 만들겠습니다. 가장 먼저 파란색 네모인 snake 스프라이트 명령어로 시작하겠습니다. snake 스프라이트를 클릭하고, 아래 그림처럼 키보드 키로 방향을 정해주는 명령을 만듭니다. 키보드로 방향을 바꾼 다음에 무한 반복 안에서 움직이는 명령어를 줄 것입니다.

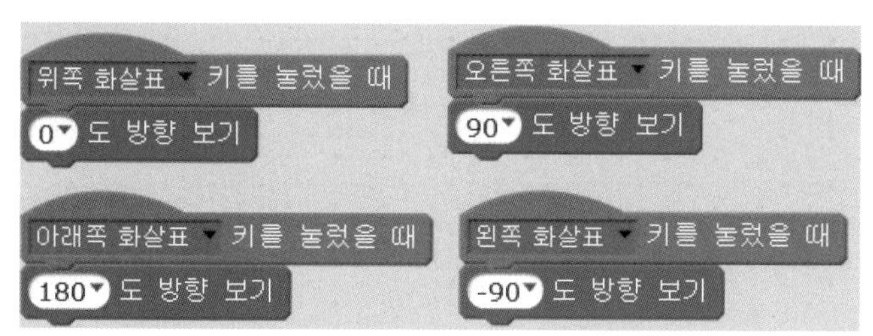

키보드로 snake 스프라이트 방향 정하기

녹색 깃발을 클릭하면 시작하게 합니다. 시작할 때는 게임 초기화를 방송을 통해서 알립니다. 게임 초기화에 들어갈 내용은 다음과 같습니다. 도장 찍기와 숨기기를 나중에 사용할 것이기 때문에, 처음에는 모든 도장의 흔적을 지우고 파란 네모가 보일 수 있게끔 보이기 명령을 해줍니다. 그리고 Apple 스프라이트를 하나씩 먹을 때마다 "점수" 변수가 1씩 증가하게 할 거라서 게임 초기화에서는 점수 변수를 0으로 시작하게 만들어 줍니다. 그리고 x, y 라는 이름의 리스트를 만들어서 파란 네모의 과거 위치(도장 찍기로 생긴 흔적)를 리스트에 계속 저장하여 나중에 흰색 네모로 덮을 때에 위치 값으로 사용할 겁니다.

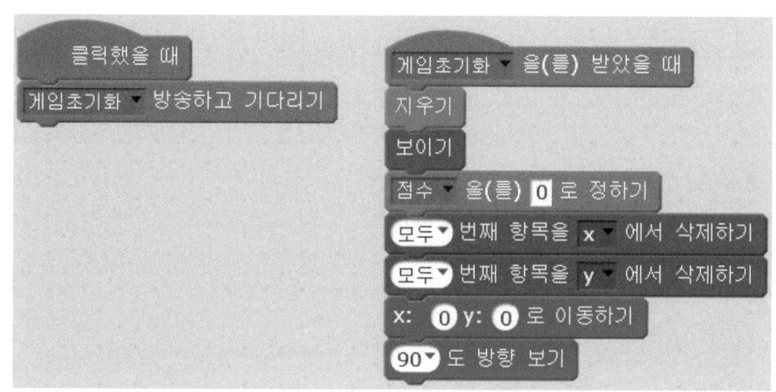

snake 스프라이트의 게임 초기화 방송

게임 초기화가 끝났고, 이제는 무한 반복 안에서 파란 네모를 움직이면서 벽에 닿았는지, Apple 스프라이트에 닿았는지, 흰색 도장 찍기를 했는지 등의 여러 가지 조건과 명령어를 만들어 줘야 합니다. 파란 네모는 0.1초 마다 움직이게 했습니다. 그리고 도장을 찍고, 그 도장 흔적의 x, y좌표값을 x, y 리스트에 저장합니다.(나중에 흰색 도장 찍는 데에 사용됩니다.) 그리고 움직이는 거리는 20으로 정했습니다. 만약 자기 자신의 파란 네모에 자기가 닿거나 벽에 닿으면 게임 종료를 시킵니다. 게임 종료 방송의 내용은 무대에서 만들겠습니다.
또한 파란 네모가 빨간 네모 Apple 스프라이트에 닿지 않고 계속 움직이는 중이라면 "지우기" 방송을 통해서 파란 네모의 과거 위치(도장 흔적)를 흰색 네모로 덮어 버리는 명령을 만들었습니다. "지우기" 방송의 실제 내용은 흰색 네모인 snake2 스프라이트에서 만들겁니다. Apple 스프라이트에 파란 네모가 닿았다면, "지우기"방송을 하지 않게 만들어 흰색으로 파란 네모를 덮는 행위를 한 번 쉬게 만듦으로써 파란 네모의 개수가 늘어가게 해줍니다.

```
클릭했을 때
게임초기화 ▾ 방송하고 기다리기
무한 반복하기
  0.1 초 기다리기
  도장찍기
  x좌표 항목을 x ▾ 에 추가하기
  y좌표 항목을 y ▾ 에 추가하기
  20 만큼 움직이기
  만약 < ■ 색에 닿았는가? 또는 벽 ▾ 에 닿았는가? > 라면
    숨기기
    게임끝 ▾ 방송하고 기다리기
    모두 ▾ 멈추기
  만약 < Apple ▾ 에 닿았는가? 가(이) 아니다 > 라면
    지우기 ▾ 방송하기
  아니면
    점수 ▾ 을(를) 1 만큼 바꾸기
    팝 ▾ 재생하기
```

파란 네모 snake 스프라이트의 주요 명령어

이제 흰 네모 snake2 스프라이트의 명령어입니다. 흰 네모 스프라이트도 도장 찍기와 숨기기를 사용하므로 녹색 깃발을 클릭하여 시작할 때 지우기와 보이기 명령어를 넣어 줍니다. 다음으로 파란 네모 스프라이트로부터 "지우기" 방송을 받았을 때, x, y 리스트 값을 사용하여 흰 네모를 파란 네모의 과거 위치(도장 흔적)로 이동시킵니다. 그런 뒤에 흰 네모의 도장을 찍어 과거의 파란 네모가 보이지 않게 만들고 리스트의 첫 번째 항목을 삭제합니다. 리스트의 첫 번째 항목에는 늘 파란 네모의 가장 과거 위치의 도장 흔적 x, y 위치값이 저장되어 있기 때문에 과거의 첫 번째 위치값에 흰색 도장이 덮인 다음에는 그 위치값을 삭제 해야 합니다.

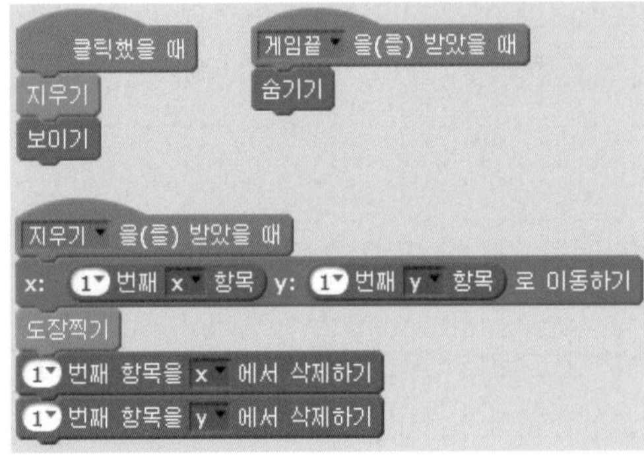

흰 네모 snake2 스프라이트

이제는 빨간 네모 Apple 스프라이트의 명령어입니다. 빨간 네모는 파란 네모 snake 스프라이트에 닿게 되면 무작위 난수 위치에 다시 나타나게 만들었습니다. 여기서 주의할 점은 곱하기 20을 해야 한다는 것입니다. 파란 네모가 20씩 움직이므로 파란 네모와 빨간 네모가 정확하게 맞닿으려면 빨간 네모도 20씩 움직이며 나타나야 하기 때문입니다. 그래서 -200, -180, -160,……,160, 180, 200 이렇게 20씩 간격을 두고 빨간 네모가 나타날 수 있도록 아래 그림에서처럼 x, y값을 만들면 됩니다.

클릭했을 때
보이기
무한 반복하기
만약 snake 에 닿았는가? 라면
x: -10 부터 10 사이의 난수 * 20 y: -7 부터 7 사이의 난수 * 20 로 이동하기

빨간 네모 Apple 스프라이트

마지막으로 무대 배경입니다. 무대 배경의 시작은 "게임배경"으로 시작하고, 게임 끝 방송을 받으면 "게임종료" 배경으로 바꿔줍니다.

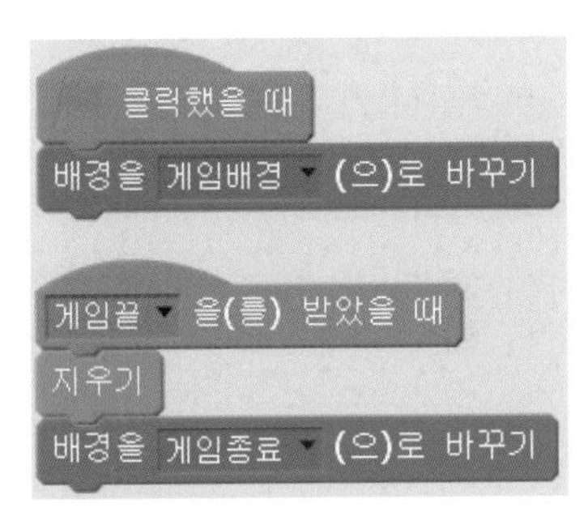

무대 배경 명령어

이제 모든 스프라이트의 명령어가 완성되었습니다. 녹색 깃발을 클릭하고 snake 게임을 작동시켜 보세요. 키보드의 화살표 키로 파란 네모를 움직이며 빨간 네모 먹이를 먹으면 됩니다.

더 알아보기

x, y 리스트에 v체크를 해서 리스트 값 창을 열어보세요. 빨간 네모 먹이를 먹지 않으면 리스트값이 아래 그림처럼 계속 비어 보입니다. "지우기"방송을 통해서 흰색 네모 스프라이트가 첫 번째 리스트 값을 계속 삭제하고 있기 때문입니다.

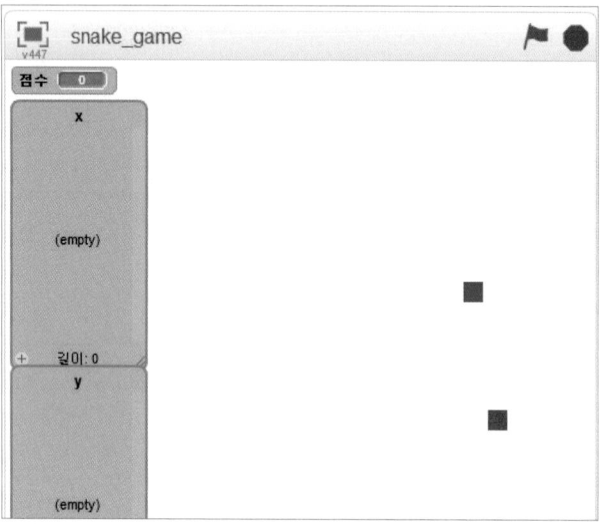

먹이를 먹지 않은 경우의 리스트

하지만 빨간 네모를 먹게 되면 "지우기" 방송을 한 번씩 쉬게 되므로, 아래 그림처럼 리스트에 파란 네모의 도장 위치값(x, y)이 계속 저장되게 됩니다.

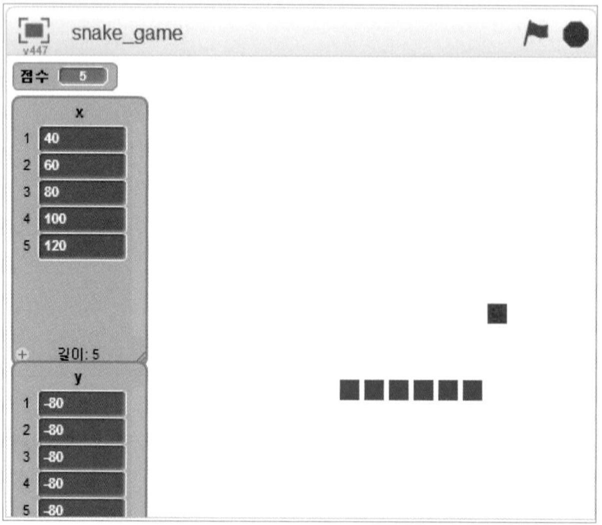

먹이를 먹은 경우의 리스트 값

※ 흰 네모 스프라이트를 다른 색으로 칠해보세요. 그러면 도장 찍는 형태를 보실 수 있습니다.

소리로 물고기 잡기

소리로 물고기 잡기

이번에 만들어 볼 스크래치 게임은 "소리로 물고기 잡기 게임"입니다. 아래 그림에 나와 있듯이, 잠수부가 바다 속에서 움직이다가 컴퓨터에 연결된 마이크(노트북 내장 마이크)를 통해 소리값을 넣어주면 아래에 있는 물고기를 잡을 수 있는 게임입니다. 소리는 목소리나 박수소리 등의 여러 가지 형태가 될 수 있습니다. 스크래치에서는 "음량"블록 명령어가 있어서 이런 소리를 이용한 작품을 쉽게 만들 수 있습니다. 이제 본격적으로 작품을 만들어 봅시다.

소리로 물고기 잡기 게임 화면

01 스크래치 2.0 오프라인 에디터를 실행시킵니다.(다른 형태의 스크래치에서도 가능함) 그리고 무대는 "underwater2" 바다 배경을 가져옵니다. 스프라이트는 잠수부 "Diver2", 물고기 "Fish1", "Fish2"를 가져옵니다.(다른 모양의 잠수부와 물고기 스프라이트를 가져와도 됩니다.)

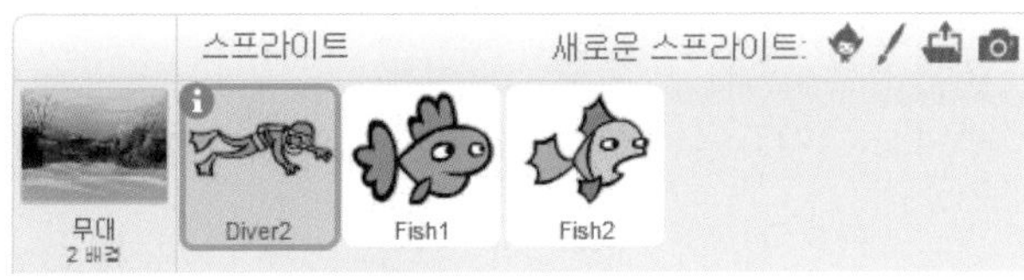

스크래치 2.0 오프라인 에디터

02 Diver2 잠수부 스프라이트를 먼저 움직여 봅시다. 잠수부는 화면 상단의 왼쪽에서 오른쪽으로 움직이다가, 마이크로 소리가 들어오면 화면 아래로 내려가서 물고기를 잡을 겁니다. 우선 화면의 왼쪽인 x : −230, y : 100에서 첫 위치를 정하고 잠수부의 x좌표가 오른쪽 화면 부근인 x : 240을 넘어서면 다시 화면 왼쪽으로 오게 만들어 줍니다. 이 명령어가 아래 그림의 ❶ 에 나와 있습니다.

마이크로 들어온 음량(소리)이 조금이라도 있으면 잠수부를 음량값에 비례해서 아래로 움직이게 해줍니다. 음량의 기준값은 여러분의 자유이고, 잠수부가 수직으로 내려가는 명령어는 y : 음량*−3으로 해서 큰 음량에는 많이 내려가게 해줍니다. 그리고 내려간 뒤에는 다시 처음 위치 y : 100으로 돌아오게 해줍니다. x좌표는 잠수부 자신의 좌표값을 그대로 유지합니다. 이 명령어가 아래 그림의 ❷ 에 나와 있습니다. 그리고 잠수부가 오른쪽으로 움직이는 것은 아래 그림의 ❸ 처럼 x좌표를 조금씩 바꾸어 주면 됩니다.

```
클릭했을 때
x: -230 y: 100 로 이동하기
무한 반복하기
  만약 x좌표 of Diver2 > 240 라면          ▸❶
    x: -230 y: 100 로 이동하기
  만약 음량 > 6 라면                        ▸❷
    0.3 초 동안 x: x좌표 y: 음량 * -3 으로 움직이기
    0.3 초 동안 x: x좌표 y: 100 으로 움직이기
  x좌표를 4 만큼 바꾸기                     ▸❸
```

Diver2 스프라이트 명령어

03 이번에는 Fish1 물고기 스프라이트의 명령을 만들겠습니다. 물고기는 화면 하단에서 좌우로 움직이다가 잠수부에 닿으면 사라지면 됩니다. 그래서 아래 그림의 ❶ 처럼 y : −80 정도의 화면 하단에서 시작하여 ❷ 처럼 x : −200 ~ 200까지 좌우로 움직이게 만들어 줍니다.

```
클릭했을 때
-90▾ 도 방향 보기
x: -200 부터 200 사이의 난수 y: -80 로 이동하기          ▸❶
무한 반복하기
  2 초 동안 x: -200 부터 200 사이의 난수 y: -80 으로 움직이기   ▸❷
```

Fish1 물고기 스프라이트의 움직임 명령어

잠수부가 물고기를 잡는 것을 만들어 봅시다. 잡은 개수를 의미하는 "잡은 개수" 변수를 0으로 설정하고, 물고기 스프라이트가 잠수부에 닿으면 물고기의 모습을 숨기고 잡은 개수의 변수값을 하나 늘려줍니다. 아래 그림에 그 명령어가 나와 있습니다.

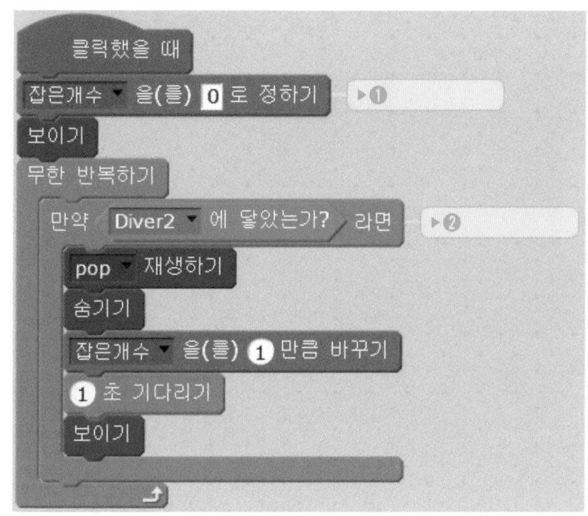

Fish1이 잠수부에 닿으면

04 두 번째 물고기 Fish2 스프라이트도 Fish1 스프라이트의 명령어와 똑같기 때문에 명령어를 그대로 복사해 줍니다. 복사해줄 명령어는 위에서 나왔던 두 그림의 명령어와 같습니다.

05 이제 모든 스프라이트의 명령어를 완성했습니다. 녹색 깃발을 클릭해서 실행해보세요.잠수부가 오른쪽으로 움직일 때에 컴퓨터의 마이크나 노트북의 내장 마이크 쪽에 목소리 또는 박수소리가 들어가게 하면 됩니다. 그러면 잠수부가 물고기를 잡을 겁니다. 만약 아래 그림과 같은 화면이 뜨면 "허용"을 클릭해 주세요. 이것은 컴퓨터에 연결된 마이크를 사용할지 말지를 선택하는 창이고, 허용을 클릭해야 스크래치에서 음량 블록이 활성화됩니다.

카메라 및 마이크 사용 설정

라인 트레이싱 프로젝트

UNIT 1

라인 트레이서

이번에 만들어 볼 스크래치 작품은 라인 트레이서(Line Tracer)입니다. 라인 트레이서는 무인 자동차로써, 바닥의 선(라인)을 따라 움직이면서 물건을 싣거나 옮기는 일을 하는 로봇입니다. 사실 정확한 학문적 용어는 AGV(Automated Guided Vehicle, 자동 안내 차)이며, 라인 트레이서라는 말은 사람들이 일반적으로 부르는 용어입니다.

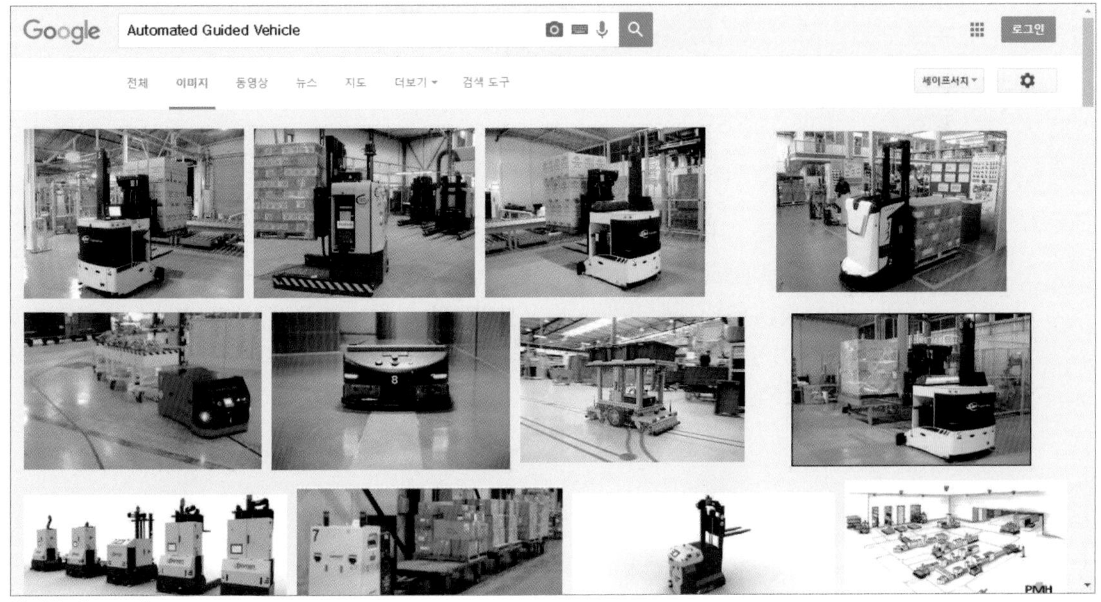

물건을 나르고 있는 AGV

라인 트레이서는 다양한 센서(적외선, 레이저, 비전, 자성)를 이용해서 바닥의 선을 감지하여 스스로 움직입니다. 이번 스크래치에서 beetle(딱정벌레)스프라이트의 더듬이를 센서라고 가정하고, 마치 라인 트레이서처럼 자동으로 선을 따라가게 만들어 보겠습니다.

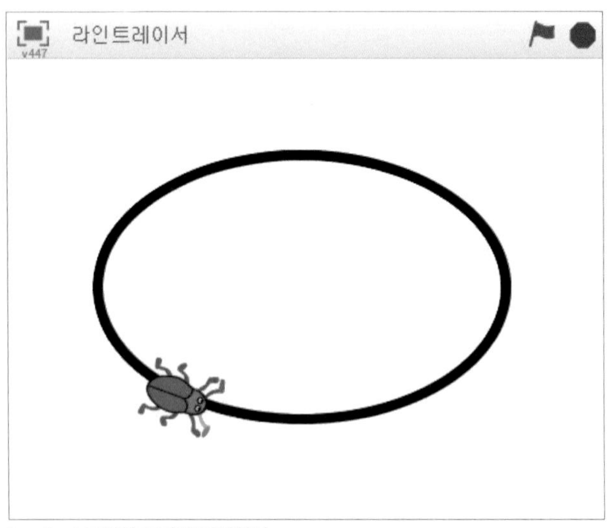

beetle 스프라이트 라인 트레이서

01 스크래치 2.0 오프라인 에디터를 실행시킵니다.(다른 형태의 스크래치에서도 가능함) 제일 먼저 할 일은 무대 4개를 직접 그리는 것입니다. 아래 그림에 나와 있듯이, 운동장 같은 동그라미 원 하나(배경1), 오목하게 들어간 원 하나(배경2), 구불구불한 길 하나(배경3), 사각형 하나(배경4)를 검은색 펜으로 그려줍니다. 너무 굵지 않은 펜으로 그려주셔야 합니다.

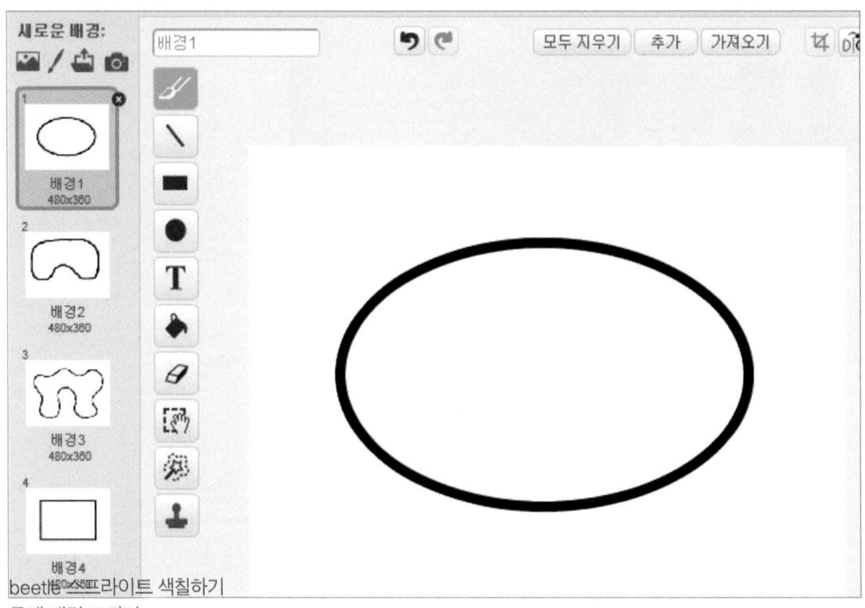

beetle 스프라이트 색칠하기

무대 배경 그리기

02 이번에는 beetle(딱정벌레) 스프라이트를 가져옵니다. 그리고 beetle의 더듬이 색깔을 아래 그림과 같이 바꿔 줍니다.

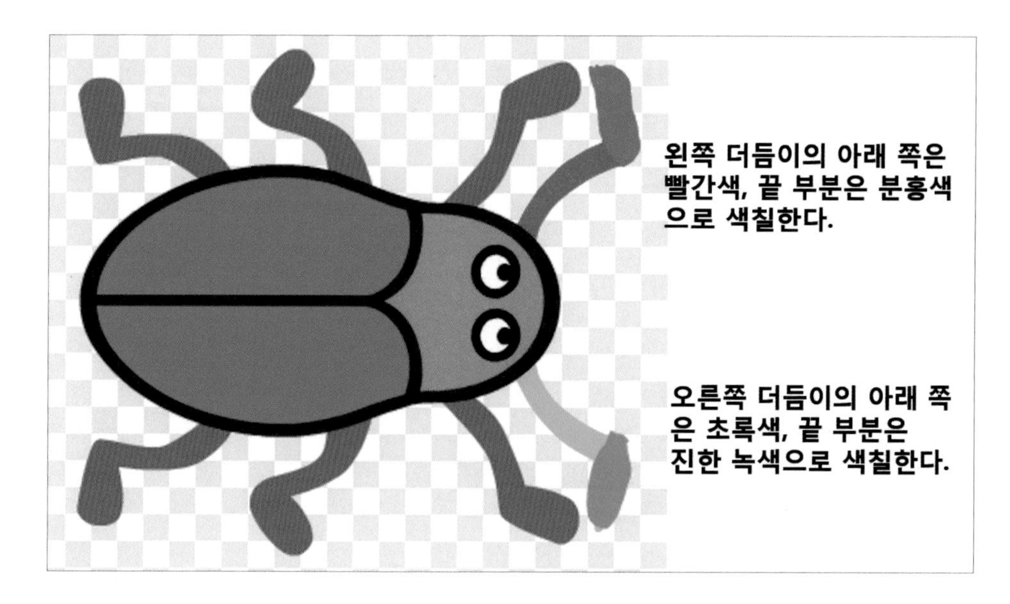

아래 그림을 보시면, 양쪽 더듬이에 검은색 라인이 감지되지 않고 머리부분에만 감지되면 ❶ 처럼 가운데 길로 직진을 해야 합니다. 그리고 왼쪽 더듬이(센서 1)에 검은 색 라인이 감지되면 ❷ 처럼 왼쪽으로 돌아야합니다. 오른쪽 더듬이(센서2)에 검은 색 라인이 감지되면 ❸ 처럼 오른쪽으로 돌아야 합니다.

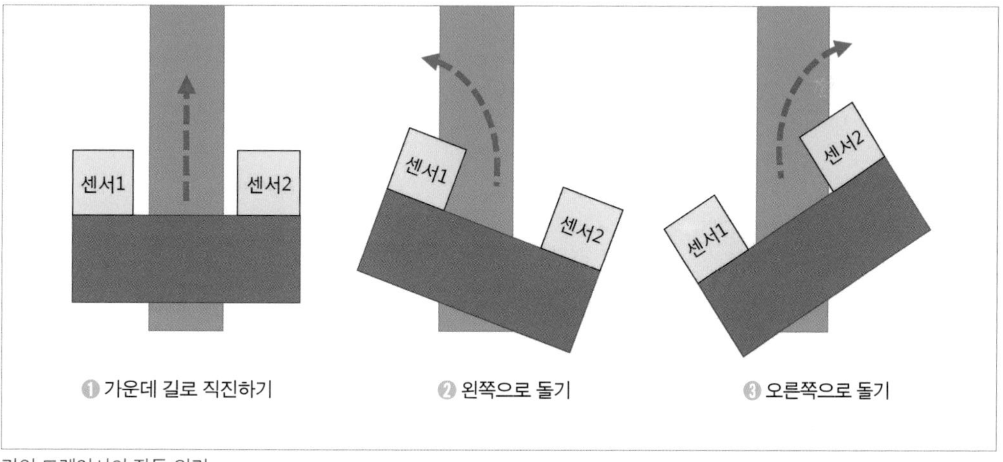

라인 트레이서의 작동 원리

03 위의 라인 트레이서 원리를 이용해서 beetle 스프라이트의 명령어를 만들어봅시다.

❶ 먼저 beetle의 방향은 왼쪽으로 보게 하고 크기를 적당히 정합니다.

❷ 그리고 검은색 선 위를 움직이는 속도를 5 정도로 하고, 벽에 닿으면 튕기기를 해줍니다.

❸ 이제 beetle의 오른쪽 초록색 더듬이에 검은색 선이 닿으면 beetle이 오른쪽으로 10도 돌게 만들고, 그 반대는 왼쪽으로 10도 돌게 만듭니다. 회전각도 값은 검은색 선의 굵기와 beetle 스프라이트의 크기 등에 따라 달라질 수 있으므로, 여러분들이 최종 작품을 작동시켜 보면서 이 각도 값을 조정해도 됩니다.

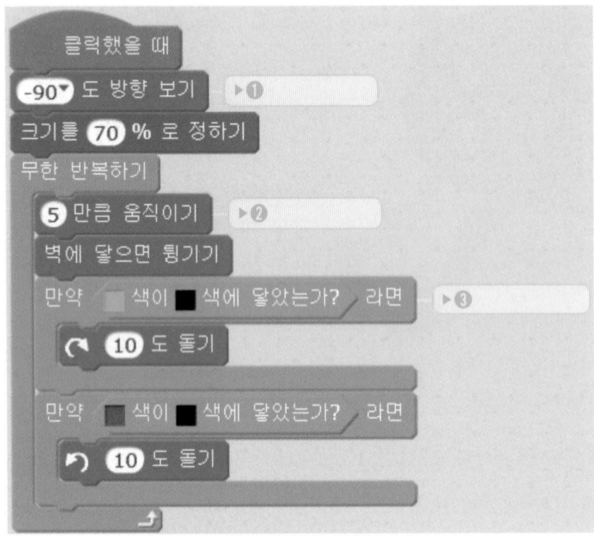

beetle 스프라이트의 움직임 명령어

이제 동그란 운동장 배경에서 실행 해보세요. beetle의 첫 시작위치를 정해주지 않았기 때문에 처음에는 우왕좌왕하며 움직이지만, 곧 검은색 선에 닿으면 동그란 원을 따라 잘 움직일 겁니다. 확인해 보세요.

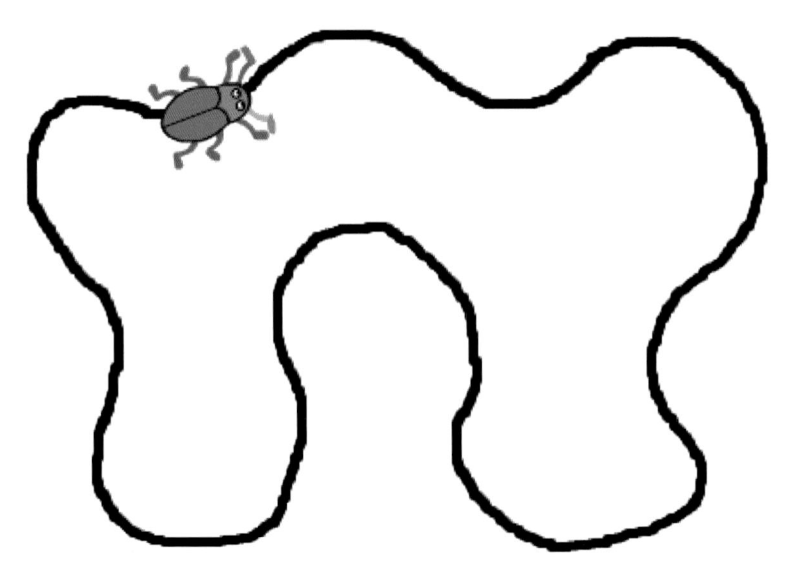
구불구불한 길도 잘 따라가는 beetle 스프라이트

04 그런데 사각형 라인은 잘 따라갈 때도 있지만, 90도 직각 부분에서 이탈하는 모습을 가끔 보이기도 합니다. 이럴 때는 90도로 꺾이는 선이 더듬이 센서의 끝부분에 닿게 되는 경우로써, 끝부분에 닿으면 더 많이 회전하도록 만들면 됩니다. 여기에서는 2배인 20도로 회전하게 하겠습니다.(④ 참조)

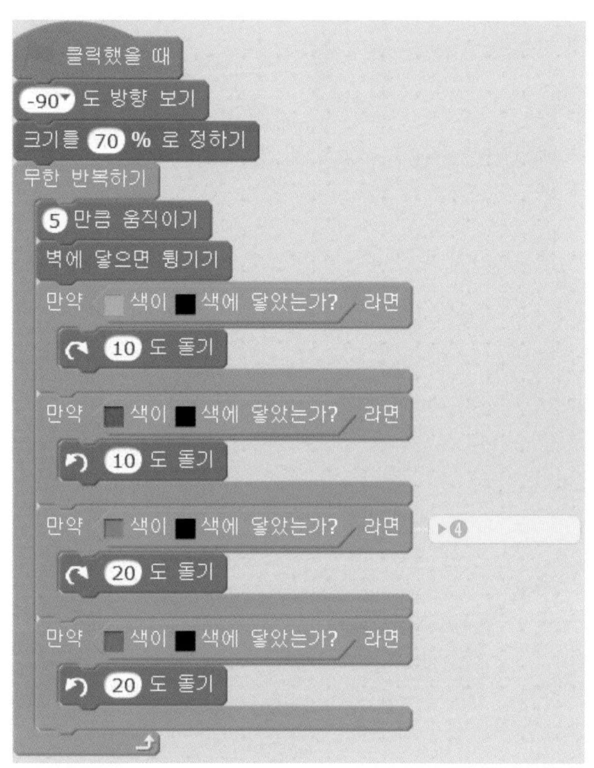

더듬이 끝 부분에 선이 닿을 때 명령어

05 무대 배경인 4개의 그림이 자동으로 바뀌면서 beetle 스프라이트가 잘 움직이는지 확인해 보려면, 무대 배경 스프라이트에서 아래 그림처럼 배경이 자동으로 바뀌는 명령어를 만들어 주면 됩니다.

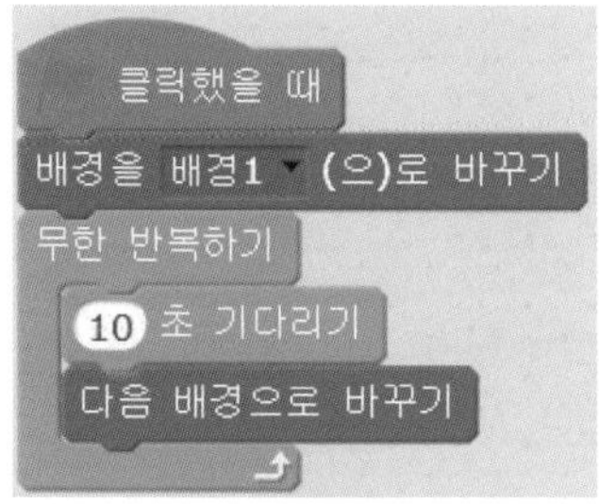

무대 배경 바꾸기 명령어

이제 모든 스프라이트의 명령어를 완성했습니다. 녹색 깃발을 눌러서 실행해 보세요. 무대가 바뀔 때 마다 beetle 스프라이트가 검은색 선을 잘 따라 가는지 확인하시면 됩니다.

스크래치 비디오 센싱 프로젝트

UNIT 1

비디오 센싱 VIDEO SENSING

이번에 만들어 볼 스크래치 작품은 비디오 센싱을 이용한 게임입니다. 스크래치에는 카메라를 통해 찍힌 영상에서 움직임을 감지해주는 명령 블록이 있기 때문에, 스크래치 화면에 있는 스프라이트와 카메라에 찍힌 나의 모습이 스크래치 작품에 영향을 주는 것이 가능합니다. 예를 들면, 하늘에서 떨어지는 물풍선 스프라이트를 카메라 화면 속의 내가 손으로 터뜨린다든지, 또는 축구공 스프라이트를 내 머리로 헤딩해서 골대에 넣는다든지 등의 여러 가지 동작 인식 작품을 만들 수 있습니다. 이번 시간에는 "하늘에서 떨어지는 스프라이트를 손으로 쳐서 위로 올리는 작품", "화면에 나타난 얼룩을 손으로 지우는 작품", 이렇게 총 2가지를 만들어보겠습니다.

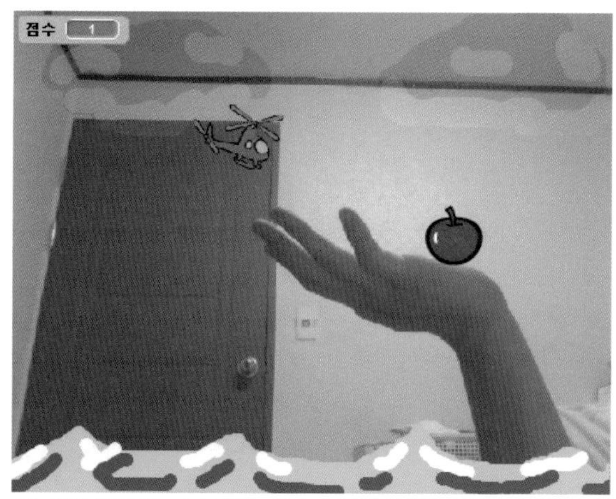

하늘에서 떨어지는 스프라이트 손으로 치기 게임

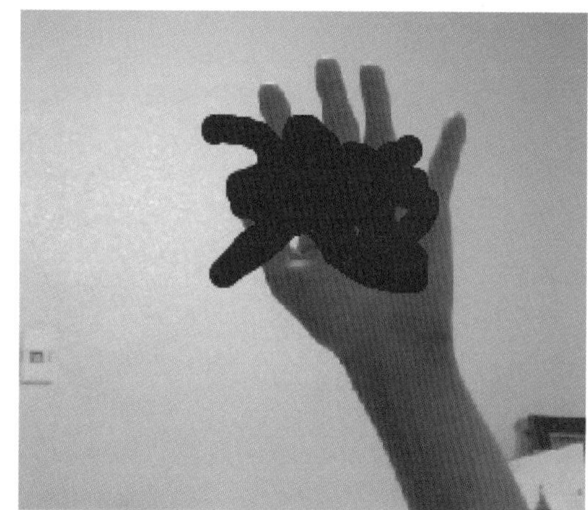
손으로 얼룩 지우기 게임

01 스크래치 2.0 오프라인 에디터를 실행 시킵니다.(다른 형태의 스크래치에서도 가능함) 첫 번째 작품은 하늘에서 떨어지는 스프라이트를 손으로 받아치는 게임입니다. 필요한 스프라이트는 하늘에서 떨어질 헬리콥터, 사과 스프라이트와 화면 아래쪽에 위치 할 바다 스프라이트입니다.

무대 배경 하늘 그림 그리기

먼저 무대 배경으로 하늘 그림을 그리겠습니다.

하늘 배경 그리기

02 화면의 아래쪽에 바다를 만들어 봅시다. 바다는 좌우로 파도를 치며 움직이게 하기 위해서 스프라이트 그리기로 만듭니다.

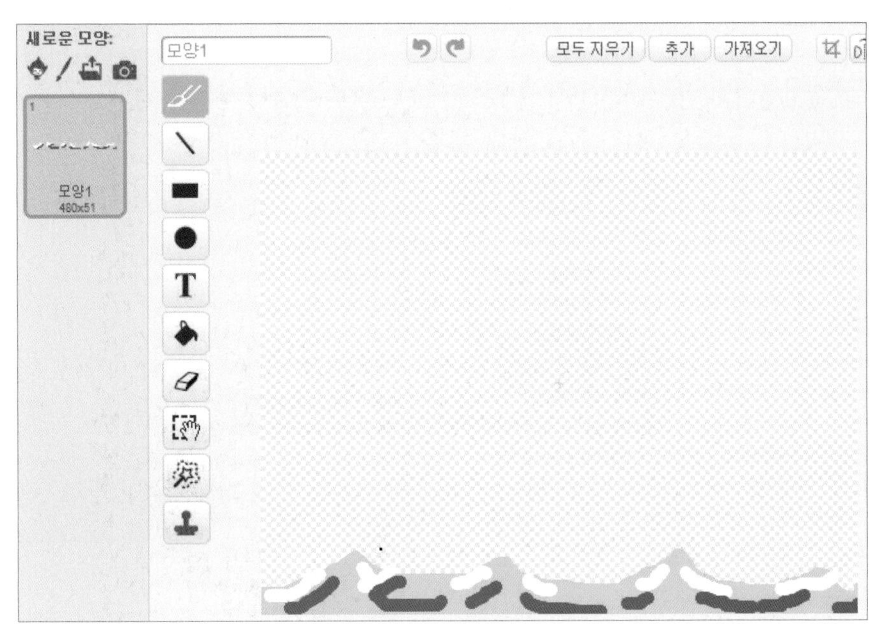

바다 스프라이트 그리기

03 바다 스프라이트를 복제하여 두 개의 스프라이트들이 교차하며 좌우로 움직이게 만들면, 마치 파도가 일렁이는 듯한 효과를 줄 수 있습니다. 복제 스프라트가 1초 동안 오른쪽으로 갔다가 왼쪽으로 50정도 움직이고 삭제되게 만듭니다. 원본 스프라이트는 복제품과 반대로 왼쪽으로 갔다가 오른쪽으로 50정도 움직이게 만듭니다.

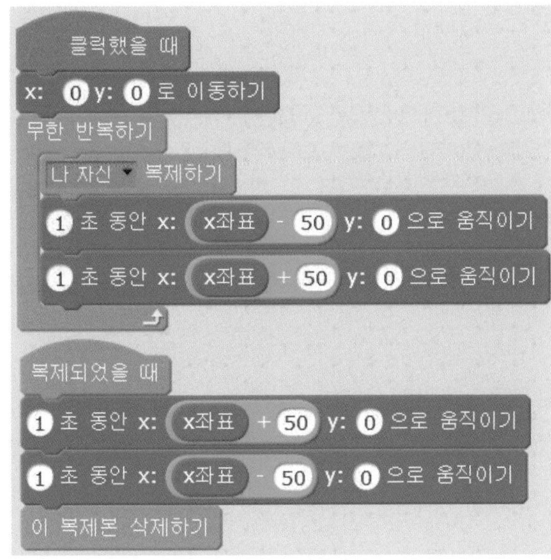

바다 스프라이트가 좌우로 움직이는 명령어

04 이제 헬리콥터 스프라이트로 옵니다. 하늘에서 떨어지는 헬리콥터는 바다에 닿으면 점수가 1씩 감소하고, 손으로 쳐서 헬리콥터를 하늘로 올리게 되면 점수가 1씩 증가하게 만들겁니다.

먼저 점수 = 0, 비디오 투명도 = 30, 비디오 켜기를 실행하는 방송 "초기화"를 만듭니다. 그리고 헬리콥터 스프라이트의 크기와 시작 위치를 정해줍니다. 시작위치로 이동하는 명령어는 아래 그림에서처럼 추가블록 "올라가기"를 만들어 사용했습니다.

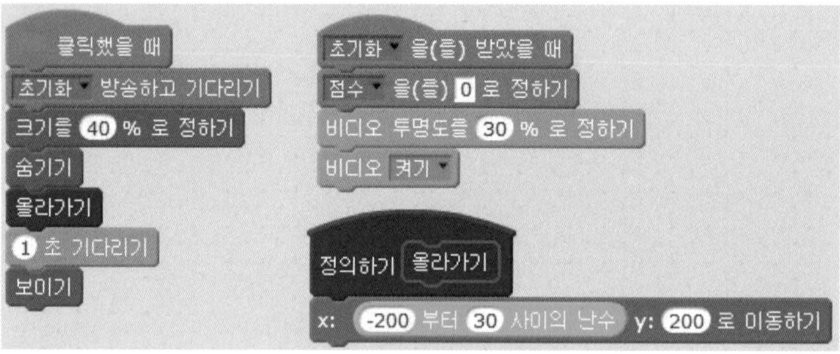

헬리콥터 스프라이트의 초기 명령어

① 헬리콥터가 아래로 5씩 떨어지게 하고,

② 비디오 동작값이 감지되면

③ 소리를 내며 화면 위쪽인 y > 180 일 때 까지 조금씩 올라가게 만듭니다.

④ 헬리콥터가 바다에 닿으면 점수를 1점 감소시키고 다시 하늘 위로 올라가게 해줍니다.

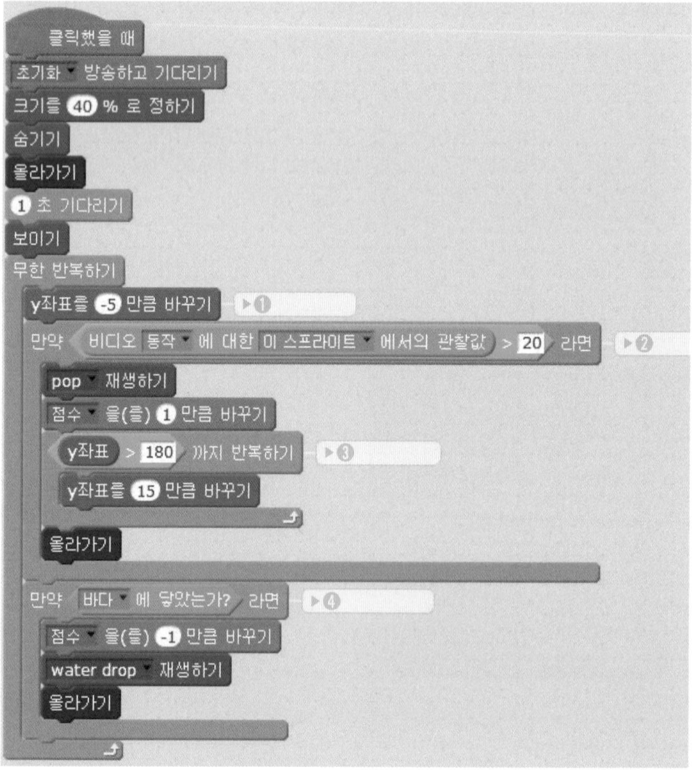

헬리콥터 스프라이트의 움직임 명령어

05 사과 스프라이트도 헬리콥터와 명령어가 똑같습니다. 단지 추가블록 올라가기에서 x 좌표값을 다르게 했습니다.

```
클릭했을 때
크기를 70 % 로 정하기
숨기기
올라가기
2 초 기다리기
보이기
무한 반복하기
    y좌표를 -5 만큼 바꾸기
    만약 < 비디오 동작 에 대한 이 스프라이트 에서의 관찰값 > 20 > 라면
        pop 재생하기
        점수 을(를) 1 만큼 바꾸기
        < y좌표 > 180 > 까지 반복하기
            y좌표를 15 만큼 바꾸기
        올라가기
    만약 < 바다 에 닿았는가? > 라면
        점수 을(를) -1 만큼 바꾸기
        water drop 재생하기
        올라가기

정의하기 올라가기
x: (30 부터 200 사이의 난수) y: 200 로 이동하기
```

사과 스프라이트의 명령어

이제 첫 작품의 모든 스프라이트 명령어가 완성되었습니다. 녹색 깃발을 클릭해서 비디오가 켜지면 나의 모습이 스크래치 화면에 나타날 겁니다. 하늘에서 떨어지는 헬리콥터와 사과를 손으로 받쳐 보세요. 하늘로 잘 올라가나요? 그리고 바다에 빠지면 점수가 1씩 감소하는지도 꼭 확인해 보세요.

06 두 번째 비디오 센싱 작품을 만들어 봅시다. 이번 작품은 화면에 있는 얼룩을 손으로 지우는 게임입니다. 작은 얼룩 스프라이트 하나를 그립니다.

얼룩 스프라이트

얼룩 스프라이트에 동작이 감지되면 반투명 효과를 5만큼 주어서 점점 투명해지게 만들겠습니다. 반투명값이 100정도 되면 완전히 안보이게 되므로 100을 넘어서면 "처음상태" 방송하기를 통해서 얼룩이 다시 나타나게 만들겠습니다.

```
클릭했을 때
처음상태 ▾ 방송하기
비디오 투명도를 (20) % 로 정하기
비디오 켜기 ▾
무한 반복하기
  만약 < (비디오 동작 ▾ 에 대한 이 스프라이트 ▾ 에서의 관찰값) > [5] > 라면
    반투명 ▾ 효과를 (5) 만큼 바꾸기
    반투명효과 ▾ 을(를) (5) 만큼 바꾸기
    만약 < (반투명효과) > [100] > 라면
      처음상태 ▾ 방송하기
```

얼룩 스프라이트 비디오 동작 감지 명령어

처음상태 방송을 받았을 때에는, '반투명 = 0'으로 해서 얼룩이 보이게 만들어 줍니다. 그리고 반투명 효과 변수도 0으로 초기화 해주면서 얼룩의 위치를 난수로 정해줍니다.

```
처음상태 ▾ 을(를) 받았을 때
반투명 ▾ 효과를 (0) (으)로 정하기
반투명효과 ▾ 을(를) [0] 로 정하기
x: ((-200) 부터 (200) 사이의 난수) y: ((-150) 부터 (150) 사이의 난수) 로 이동하기
색깔 ▾ 효과를 ((1) 부터 (100) 사이의 난수) (으)로 정하기
```

얼룩 스프라이트의 처음상태 방송

이제 두 번째 작품의 모든 명령어를 완성했습니다. 녹색 깃발을 클릭해서 실행해보세요. 얼룩이 화면에 나타나면 손바닥으로 문지르면서 얼룩을 지워 보세요. 반투명 효과 변수값이 100을 넘어서야 다 지워집니다.

SCRATCH

CHAPTER

03

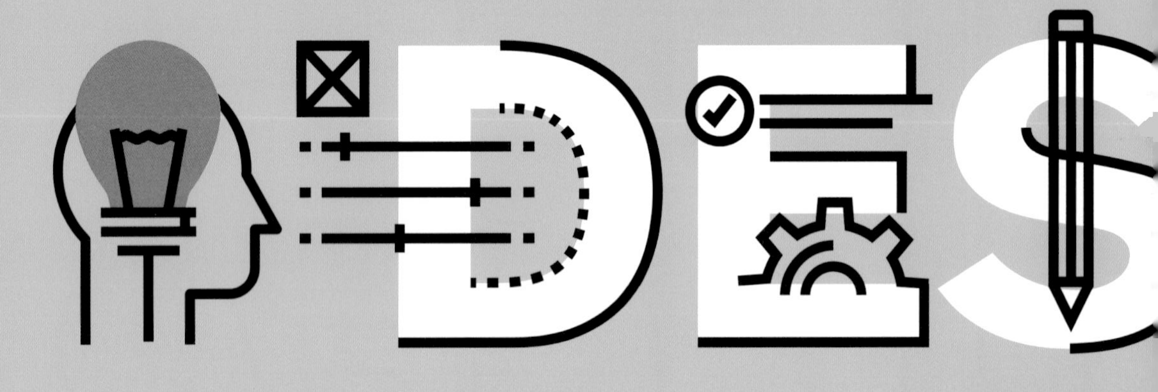

스크래치와 아두이노 프로젝트

CHAPTRT 3

스크래치와 아두이노 프로젝트

준비하기 : 코드아이 연결하기

Chapter 3에서는 아두이노와 스크래치를 연결하여, 스크래치에서 명령을 아두이노로 보내고, 아두이노에 연결된 여러 가지 전자 장치들이 움직이게 하는 작품을 만들어보려고 합니다.

그렇게 하기 위해서는 여러 가지 방법이 있는데요. 이 책에서는 그 중에서 은길샘(네이버에서 "은길샘" 검색하면 나옵니다.)님이 만들어 무료로 배포해 주신 "코드아이"라는 것을 사용하겠습니다. 코드아이 설치 방법은 Chapter 1 - Section 2에 설명되어 있습니다.

여기에서는 그 코드아이를 스크래치와 어떻게 연결하는 지에 대한 설명을 하겠습니다.

우선 아래 그림처럼 아두이노를 컴퓨터에 연결합니다.

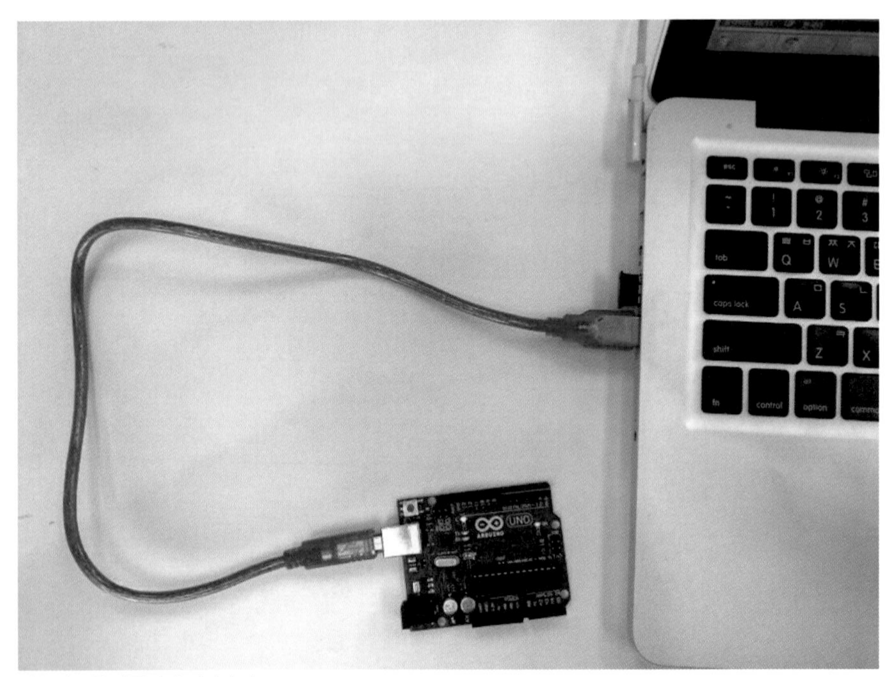

아두이노를 컴퓨터에 연결하기

다운받은 코드아이를 더블클릭하여 실행합니다.

코드아이 실행하기

코드아이가 정상적으로 실행된 모습이 아래 그림에 나와 있습니다. "드라이버"를 클릭하여 아두이노와 컴퓨터 간의 통신을 위한 드라이버 프로그램을 설치합니다.

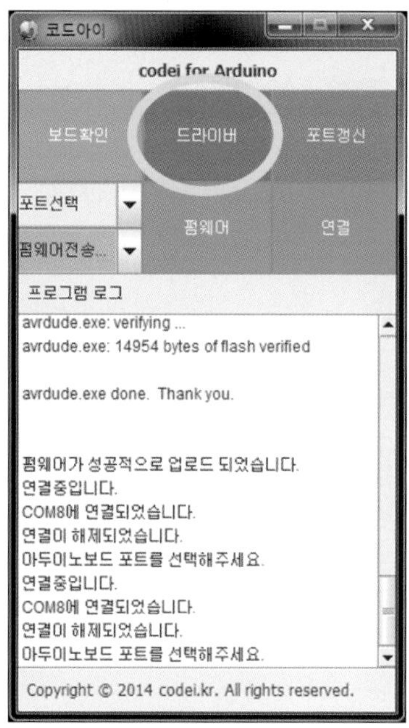

아두이노 드라이버 설치하기

이제 "포트갱신"을 클릭하고, COMxx(번호) 하나를 선택해 줍니다.(번호 숫자값은 다를 수 있습니다.)

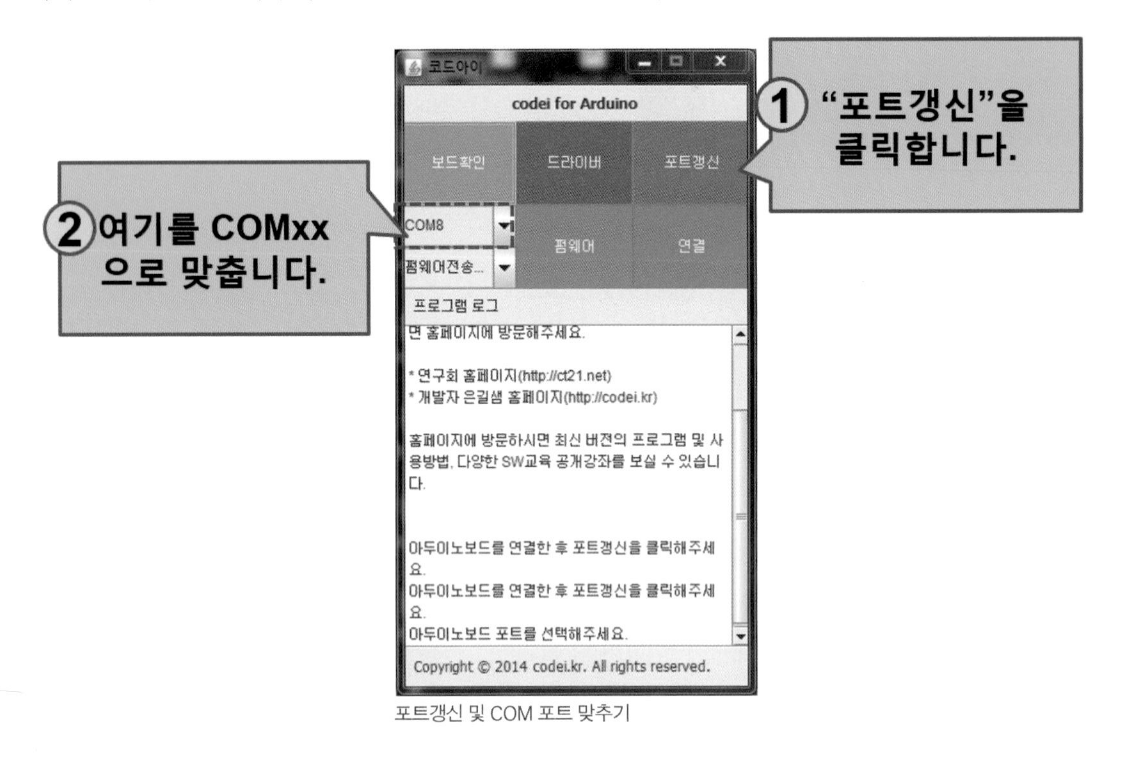

포트갱신 및 COM 포트 맞추기

통신속도 57600을 맞춰주고, "펌웨어"를 클릭하여 아두이노에 프로그램 하나를 업로드 합니다.(스크래치와 아두이노 간의 통신을 위한 프로그램입니다. 최초에 1번만 하면 됩니다.)

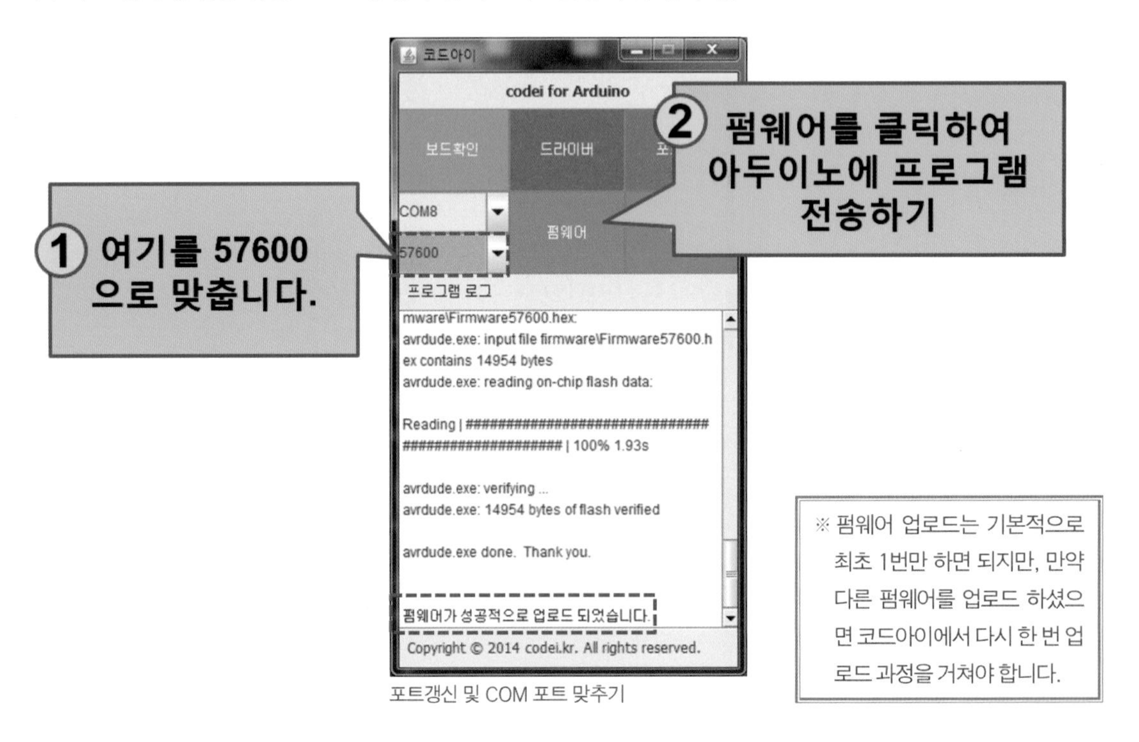

포트갱신 및 COM 포트 맞추기

※ 펌웨어 업로드는 기본적으로 최초 1번만 하면 되지만, 만약 다른 펌웨어를 업로드 하셨으면 코드아이에서 다시 한 번 업로드 과정을 거쳐야 합니다.

이제 스크래치 화면으로 옵니다. 키보드의 Shift키를 누른 상태에서 [파일] ➡ [HTTP확장 기능 불러오기]를 클릭합니다. 그리고 코드아이 폴더에서 "EDU-ino Scratch2.0 Extention File.s2e"를 선택하고 "열기"를 클릭합니다.

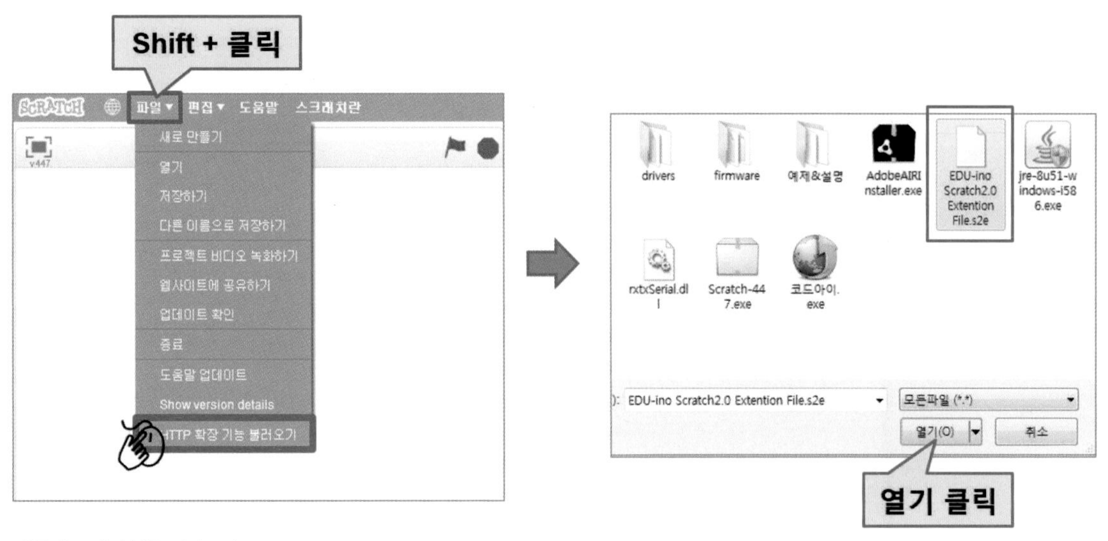

아두이노 명령 블록 가져오기

그러면 스크래치 "추가블록" 탭에서 아두이노 제어를 위한 명령어(검은색 블록) 블록들이 나타날 것입니다.

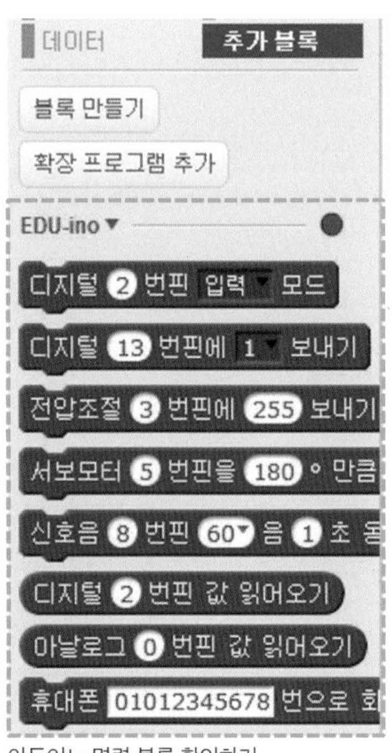

아두이노 명령 블록 확인하기

이제 다시 코드아이로 돌아와서, "연결"을 클릭합니다.

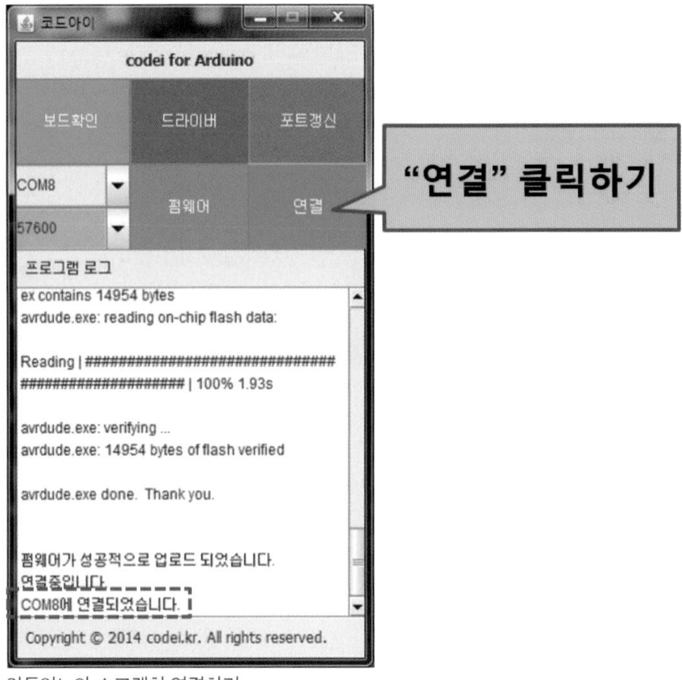

아두이노와 스크래치 연결하기

스크래치 화면의 "추가블록" 탭에서 녹색 동그라미가 생기면 완료된 것입니다. 이제 아두이노와 스크래치가 연결되었습니다.

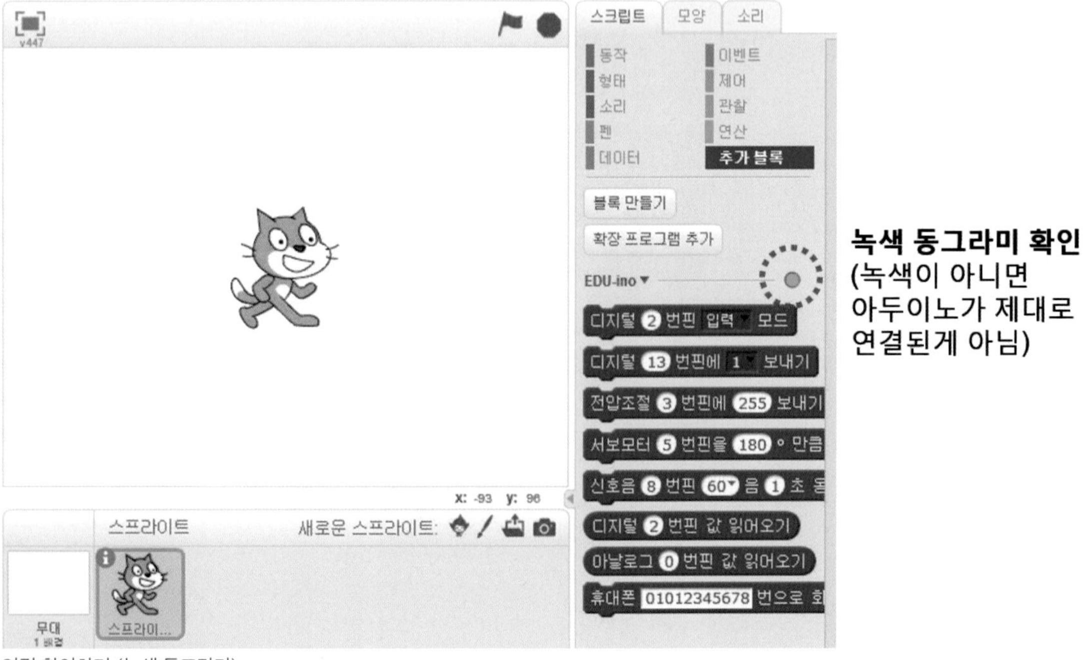

연결 확인하기 (녹색 동그라미)

Chapter 3에서 여러 가지 스크래치 아두이노 작품을 만들 겁니다. 그때마다 아두이노를 컴퓨터에 연결하고, 코드아이를 실행시켜 위의 과정을 통해서 마지막 "녹색 동그라미 확인" 과정까지 해주셔야 합니다. 녹색 동그라미를 확인 하신 다음에 스크래치로 명령어를 만드는 작업을 하셔야 합니다.

※ 펌웨어 업로드는 기본적으로 최초 1번만 하면 되지만, 만약 다른 펌웨어를 업로드 하셨으면 코드아이에서 다시 한 번 업로드 과정을 거쳐야 합니다.

오디오 LED 미터

UNIT 1

LED bar 막대 LED

이번에 만들어 볼 스크래치 아두이노 작품은 "오디오 LED 미터기"입니다. 영어로는 Audio LED meter 또는 Audio LED visualizer 라고 부르기도 합니다. 소리의 크기를 여러 개의 LED를 이용하여 시각적으로 보여주는 것으로서 아래 그림에 나와 있는 LED 부분을 말합니다. 대개 오디오 장치의 전기 신호를 이용해서 LED를 제어하지만은, 우리는 전기 부품과 연결을 간단하게 하기 위해 컴퓨터의 마이크(노트북의 내장 마이크)로 들어온 소리 신호값을 스크래치에서 바로 이용하여 LED로 나타내 보겠습니다.

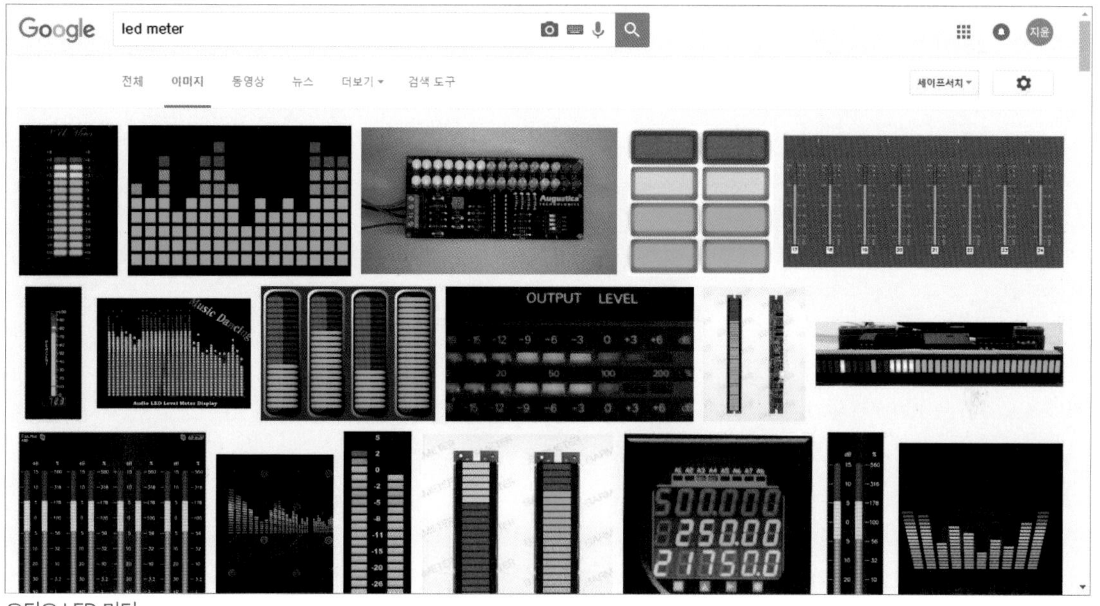

오디오 LED 미터

필요한 준비물은 아두이노와 브레드 보드, 그리고 LED 바, 220옴 어레이 저항입니다.

LED 바 어레이 저항

01 아래 그림에 LED 바를 아두이노에 연결하는 방법이 나와 있습니다. 연결할 때는 LED바의 글자가 적힌 방향, 모서리가 살짝 깎여있는 방향을 잘 보시고 연결해야 하며 저항은 하얀색 동그라미 점이 있는 방향을 꼭 확인해주세요.

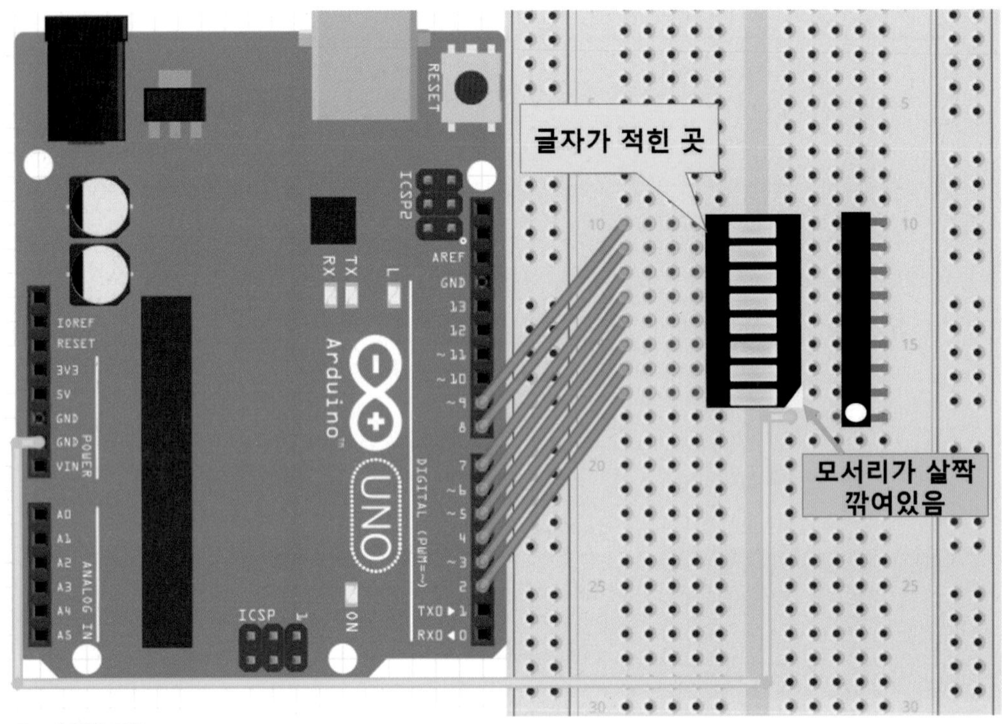

LED 바 연결 그림

02 이제 USB케이블을 이용해서 아두이노를 컴퓨터에 연결합니다. 그리고 스크래치 2.0 오프라인 에디터를 실행시킵니다. 그 다음, Chapter 3 첫 페이지를 참고하여 코드아이와 스크래치를 아두이노에 연결시켜 줍니다.

연결이 완료되면, LED 바를 하나씩 켜고 끄는 것부터 해보겠습니다. LED 바는 총 8개의 LED로 구성되어 있습니다. 각 LED는 아두이노의 디지털 출력 2번 핀 ~ 9번 핀에 전선으로 연결되어 있습니다. 스크래치에서 디지털 2번 핀에 1을 보내면 아두이노로부터 전기신호가 발생되고 LED가 하나 켜지게 됩니다. 디지털 2번 핀에 0을 보내면 아두이노로부터 전기신호가 발생되지 않아 LED가 꺼지게 됩니다. 아래 그림에 나와 있는 명령어를 가져와서 각 블록을 하나씩 더블클릭하여 실행해 보세요.

무대 배경 하늘 그림 그리기

아래 그림들처럼 LED 하나가 켜지고 꺼지는지요? 1 보내기 블록은 LED를 켜고, 0 보내기 블록은 LED를 끄게 만듭니다.

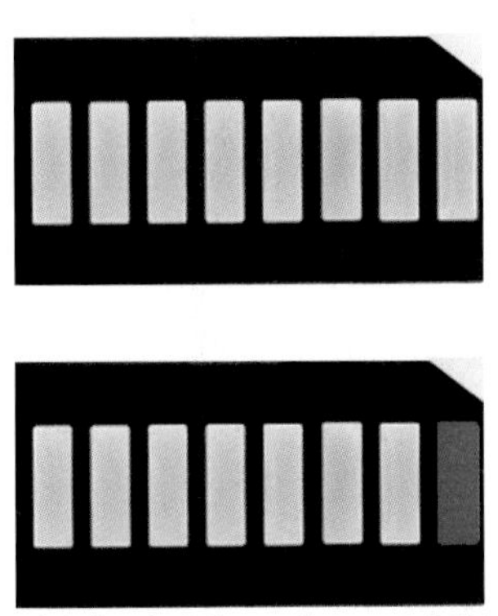

디지털 2번 핀에 1 보내기, 0 보내기 실행 결과

다른 LED는 아두이노의 디지털 3번 ~ 9번에 연결되어 있습니다. 아래 그림처럼 숫자 값만 바꿔서 실행해 보세요. 디지털 3번 핀에 1, 0 보내기, 4번 핀, ⋯⋯ , 9번 핀에 1, 0 보내기블록을 차례대로 더블클릭해서 실행해 보면 LED가 하나씩 켜지고 꺼질 겁니다.

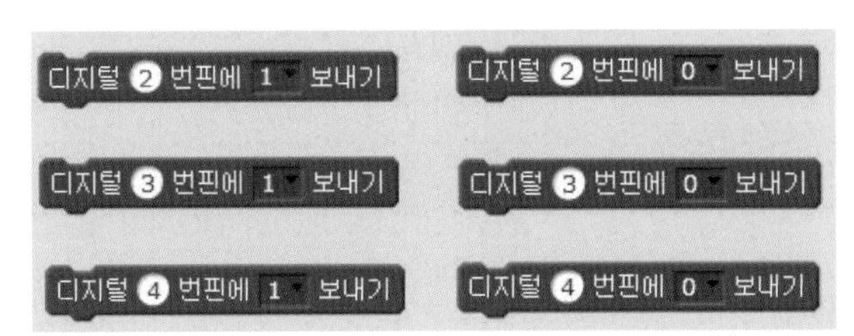

다른 LED 켜고 끄기

03 본격적으로 오디오 LED 미터기를 만들어 보겠습니다. LED를 켜는 것은 아두이노 입장에서 전기 신호가 출력되는 것입니다. 그래서 LED가 연결된 아두이노 디지털 2번 핀 ~ 9번 핀을 출력모드로 만들어 줘야 합니다.(반대로 스위치로 사용된다면 입력모드로 해야 함). 그래서 아래 그림처럼 디지털 2번 핀 ~ 9번 핀까지 출력모드 명령을 내려 줍니다.

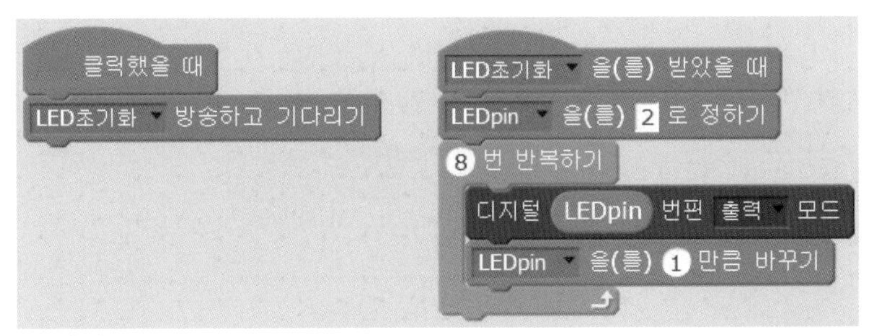

LED 출력 모드

❶ LED 초기화 방송이 끝난 뒤, 스크래치의 음량 블록을 10으로 나누어 반올림을 한 것을 변수 "N"에 저장합니다.

❷ 그 이유는, 음량은 0 ~ 100의 값을 가지는데 10으로 나누어 반올림 하면 0 ~ 10이 되고, 이 값을 이용하여 디지털 2번 ~ 9번에 1 보내기를 하여 LED 켜기를 할 것이기 때문입니다.

❸ LED를 켠 다음에 다시 모든 LED를 끄기를 합니다.

❶ ~ ❸ 을 계속 무한 반복하면 음량의 크기에 따라 LED가 켜지고 꺼지는 모습이 나타나게 됩니다.

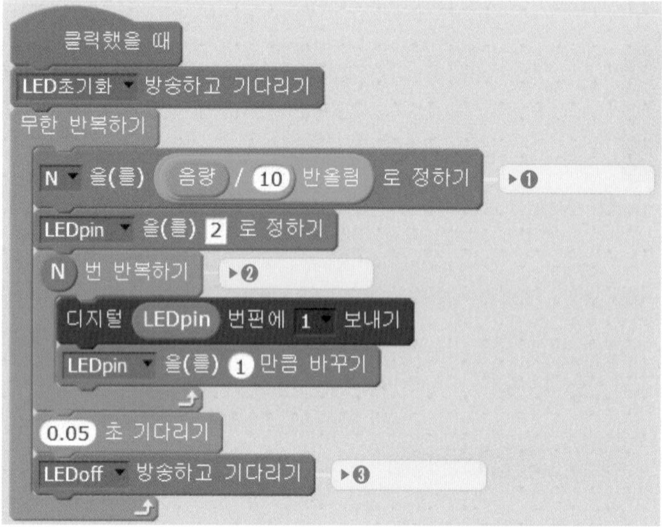

LED 제어 명령어

LED를 모두 끄는 명령어

오디오 LED 미터 전체 명령어

04 이제 녹색 깃발을 클릭하고 마이크(노트북 내장 마이크 또는 데스크탑의 외장 마이트)에 소리를 입력해 보세요. 박수소리, 목소리, 휴대폰 음악 소리 등을 마이크에 가까이 갖다 대면 아래 그림처럼 LED가 소리 크기에 비례해서 반응할 겁니다.

소리의 크기에 반응하는 LED 모습

센서 쉴드 프로젝트
(RGB LED, 온습도센서)

센서 쉴드 프로젝트

이번에 만들어 볼 스크래치 아두이노 작품은 YWROBOT사의 Easy Module Shield V1 센서 쉴드를 이용한 작품입니다. 이 센서 쉴드는 아두이노 위에 꽂아서 사용하는 것으로서 LED, 스위치 및 여러 가지 센서들이 연결되어 있습니다. 그래서 별도의 전선 연결 없이 원하는 센서를 스크래치에서 바로 사용할 수 있다는 장점이 있습니다. 센서 쉴드에 연결되어 있는 전자 장치는 아래 그림에 나와 있습니다. 우리는 이번 섹션에서 온습도 센서와 RGB LED를 이용하여 작품을 2개 만들어 보려고 합니다.

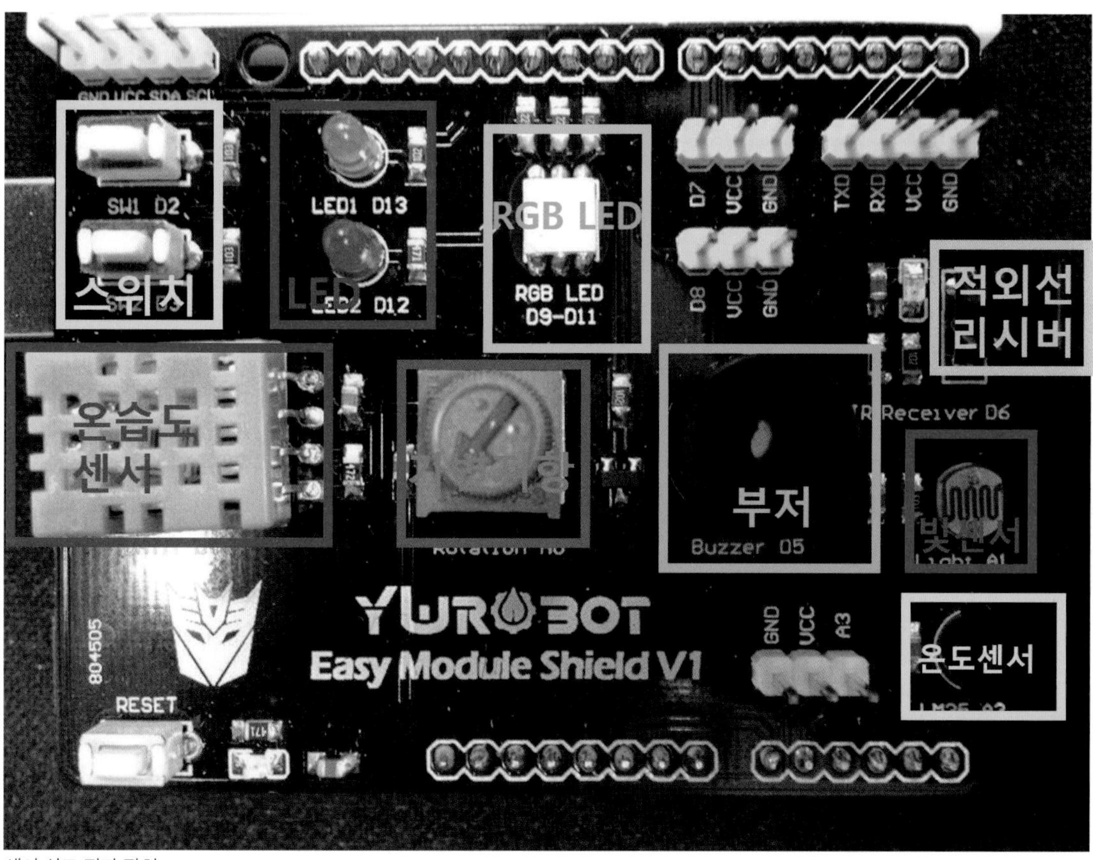

센서 쉴드 전자 장치

아두이노에 센서 쉴드를 연결하는 방법이 아래 그림에 나와 있습니다. 센서 쉴드의 핀 다리를 아두이노의 구멍에 맞게 꽂으면 잘 들어갑니다.

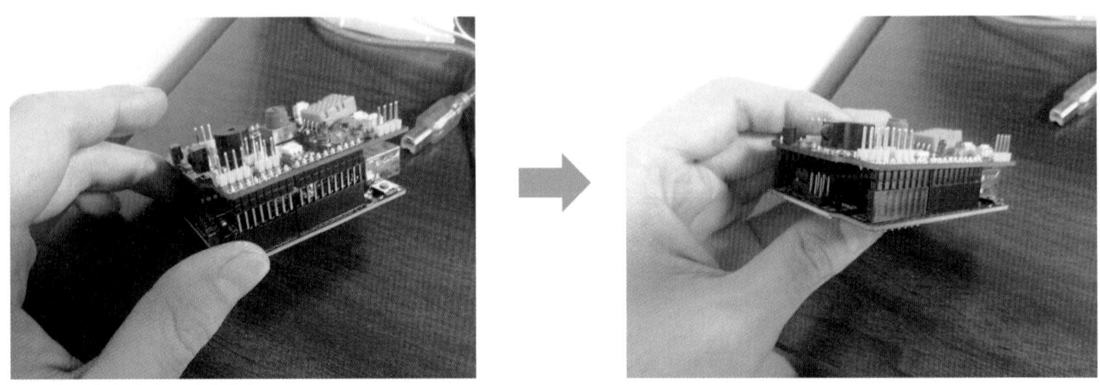

아두이노에 센서 쉴드 연결하기

01 첫 번째 작품으로 센서 쉴드에 연결되어 있는 온습도 센서를 스크래치에서 숫자로 변환하여 온습도 값을 표시해 주는 작품을 만들어 보겠습니다.

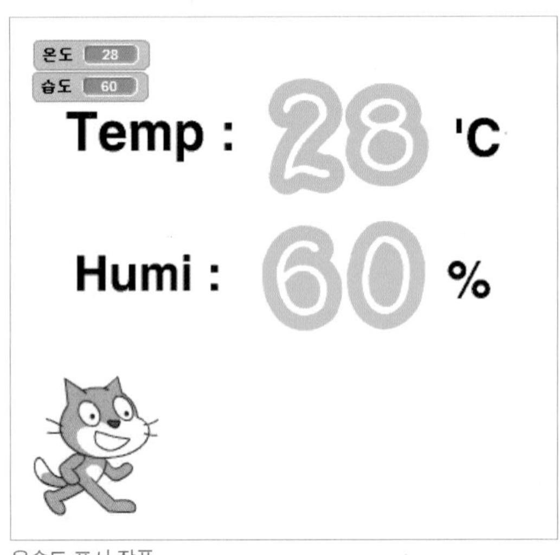

온습도 표시 작품

필요한 스프라이트는 아래 그림과 같이 고양이와 숫자 스프라이트입니다.

온습도 표시 작품

4개의 각 숫자 스프라이트에서는 숫자 모양을 0 ~ 9까지 모두 가지고 있는 상태여야 합니다.(온도 10자리, 온도 1자리, 습도 10자리, 습도 1자리 스프라이트들은 각각 0에서 9까지의 숫자를 가지고 있습니다.)

숫자 스프라이트의 모양　　　숫자 모양 가져오기

02 모든 스프라이트를 가져왔다면 이번에는 아래 그림처럼 하얀색 무대 배경에 영어 글자를 써줍니다. Temp는 Temperature(온도)의 줄임말이고 'C는 온도의 표시 단위입니다. Humi는 Humidity(습도)의 줄임말이고 % 는 습도의 표시 단위입니다.

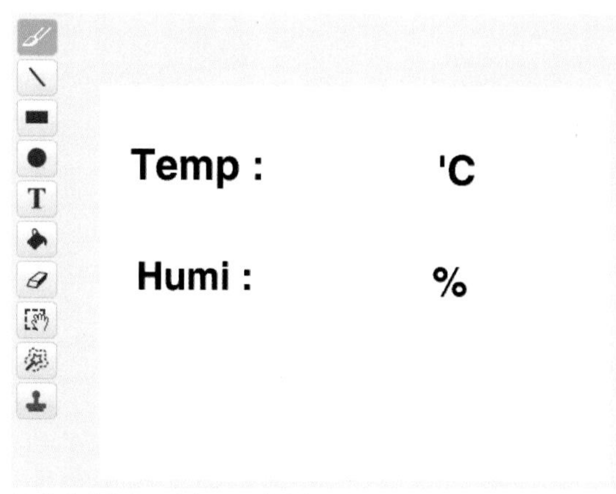

무대 배경에 온도와 습도 표시하기

무대 배경에 온도와 습도 표시를 한 다음에는, 숫자 스프라이트를 **01** 항목에서 처럼 마우스로 배치해 주어야 합니다.

03 이제 스프라이트에 명령을 만들어 봅시다. 고양이 스프라이트를 선택해서 센서 쉴드의 온도와 습도값을 변수에 저장해 보겠습니다.

변수 "온도", "습도"를 우선 만듭니다. 그리고 센서 쉴드의 온습도 센서는 아두이노의 디지털 4번 핀에 연결되어 있기 때문에, 디지털 4번 핀을 "온습도센서"모드로 바꾸는 명령어를 실행합니다. 그 다음에 디지털 4번 핀 값을 읽어오면 총 4자리의 숫자가 읽힙니다. 이 4자리 숫자 중에서 1의 자리와 10의 자리는 습도값이고, 100의 자리와 1000의 자리는 온도 값입니다. 아래 그림처럼 100으로 나눈 나머지 값을 습도 변수에 저장해 주고, 100으로 나눈 몫의 값을 온도 변수에 저장해 주면 온도와 습도 값이 정확히 따로 분리가 됩니다. 녹색 깃발을 클릭해서 실행해 보시면 온습도 변수값에 저장된 것을 확인할 수 있습니다.

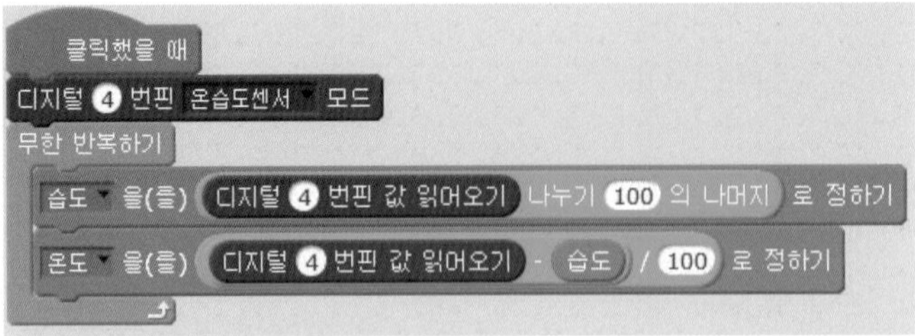

온도와 습도값 계산 및 저장

04 이제 온도 10의 자리 스프라이트를 선택합니다. 온도와 습도값이 정해졌기 때문에 숫자 모양을 적절히 표시해 주는 명령만 만들어 주면 됩니다.

온도 10의 자리 스프라이트에서 숫자 0 모양의 번호가 1번이고, 숫자 1 모양은 2번……, 숫자 9 모양은 10번입니다. 그래서 온도 10의 자릿값은 온도 변수값을 10으로 나눈 몫에 +1을 해주면 됩니다. 왜냐하면 "숫자 모양 + 1 = 모양의 번호"이므로 아래 그림처럼 모양을 바꾸기 명령에 ~ 로 모양의 번호를 넣으면 숫자 값과 똑같은 숫자 모양으로 바뀌기 때문입니다.

소리의 크기에 반응하는 LED 모습

온도 1의 자리 스프라이트는 온도값을 10으로 나눈 나머지에 +1을(모양번호) 해주어 모양 번호값을 바꾸어 주면 숫자값에 딱 맞는 숫자 모양이 나타나게 됩니다.

소리의 크기에 반응하는 LED 모습

습도 10의 자리, 1의 자리도 온도와 똑같습니다. 아래 그림들을 참고하세요.

습도 10의 자리 스프라이트 숫자 변환 명령어

소리의 크기에 반응하는 LED 모습

센서 쉴드의 첫 작품 온습도 표시 장치 작품이 완성되었습니다. 녹색 깃발을 클릭해서 실행해 보면 스크래치 화면에서 온도와 습도 값이 표시 될 겁니다.

05 센서 쉴드를 이용한 두 번째 작품은 RGB LED를 제어하는 작품입니다. RGB LED는 빨간색(Red), 녹색(Green), 파란색(Blue) 3가지를 이용해서 모든 색깔의 빛을 만들어 내는 전자 부품입니다. 아래 그림처럼 스크래치 화면을 만들어 마우스 포인터를 각각의 색깔 스프라이트에 가까이 대면 RGB LED가 화려하게 빛나는 작품을 만들어 보려고 합니다.

RGB LED 제어 작품

06 먼저 필요한 스프라이트는 아래 그림처럼 "레드바", "그린바", "블루바"라는 이름의 막대 모양 스프라이트인데, 직접 그려야 합니다.

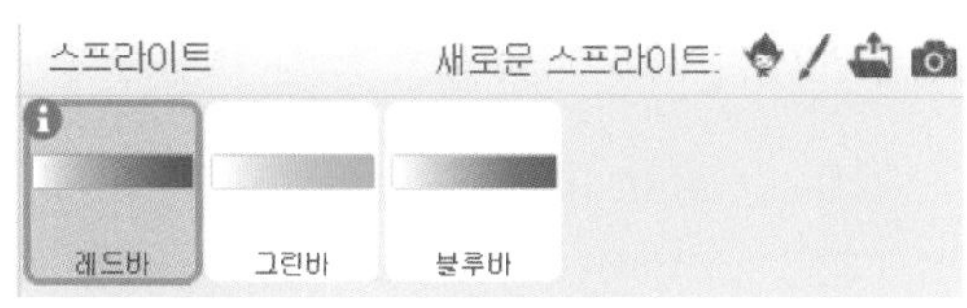

RGB 스프라이트

스프라이트를 그릴 때는 아래 그림처럼 그라데이션 효과를 주도록 합니다. 진하게 칠한 부분으로 마우스 포인터를 가까이 대면 LED가 밝아지고, 엷게 칠한 부분으로 마우스 포인터를 가까이 대면 LED가 점점 어두워지게 만드는 효과를 만들 것이기 때문입니다.
주의할 점은, 스프라이트의 가로 길이가 화면에 꽉 차도록 그려야 한다는 점입니다. 나중에 색깔 스프라이트의 가장 왼쪽 x : -240, 가장 오른쪽 x : 240 값이 중요하게 사용되기 때문입니다.

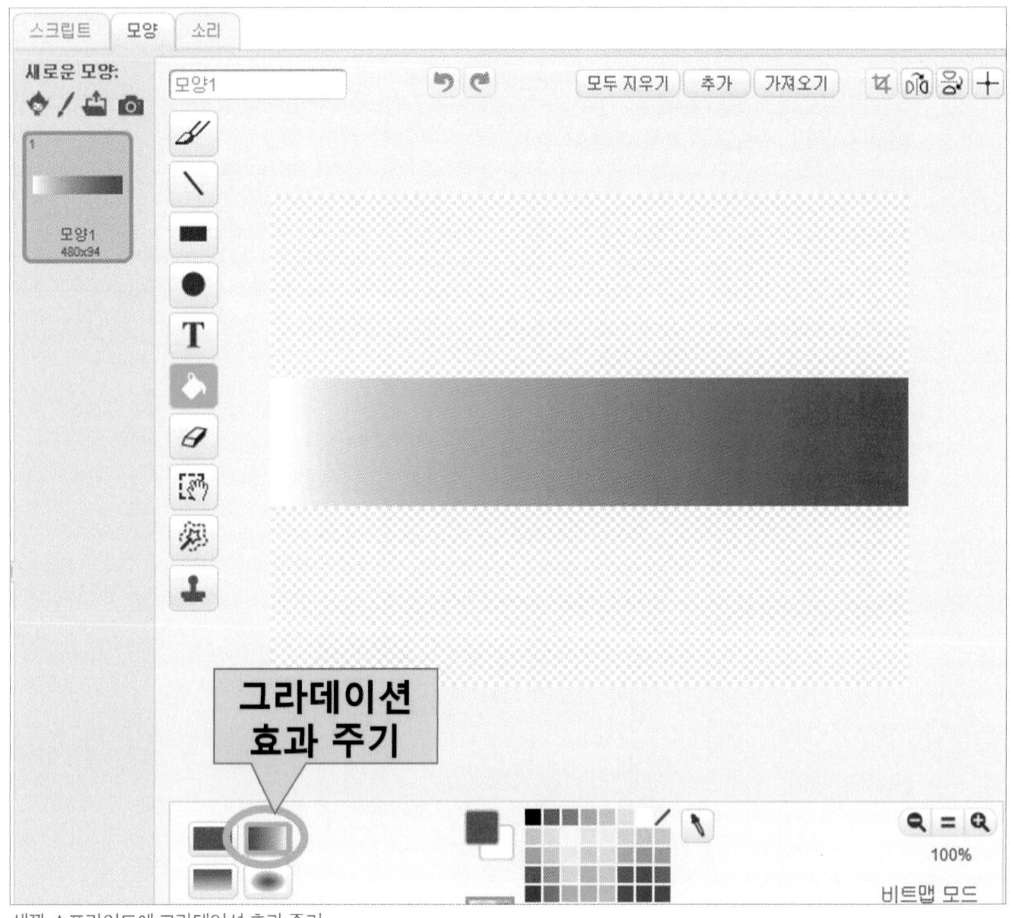

색깔 스프라이트에 그라데이션 효과 주기

그라데이션 효과를 포함한 레드바, 그린바, 블루바 스프라이트를 다 만들었으면 **05**항목에서처럼 화면에 배치를 합니다.

07 레드바 스프라이트를 선택합니다. RGB LED의 R(빨간색), G(녹색), B(파란색) 색깔을 만들어 주는 각각의 전선은 아두이노의 디지털 9, 10, 11번 핀에 연결되어 있습니다. 아두이노는 "전압조절"기능이라고 불리는 멋진 기능을 가지고 있어서 RGB LED의 색깔 강도를 조절할 수 있는데요. 이 기능은 스크래치에서 실행해 아두이노에 명령을 내릴 수도 있습니다. RGB LED의 빨간색을 담당하는 전선은 아두이노의 9번 핀에 연결되어 있는데, 아래 그림의 ❶ 디지털 9번 핀 전압조절 모드를 실행하면 이제부터 빨간색 LED를 0(꺼짐) ~ 255(가장 밝음) 숫자값으로 강도 조절을 할 수 있게 됩니다.

이제 마우스 포인터를 빨간색 그라데이션 막대 바에 가까이 갖다 대면 LED가 반응을 하게끔 하려고 합니다. 그래서 막대바의 가장 왼쪽(엷은 부분)이 x : -240, 가장 오른쪽(진한 부분)이 x : 240이므로, 마우스를 왼쪽에서 오른쪽으로 움직이면 x : -240 ~ 240이라는 범위 내에 마우스의 x좌표값이 정해집니다. 이 마우스의 x좌표값을 0 ~ 255로 변환하여 빨간색 LED의 밝기값으로 저장하게 되면, 마우스를 움직일 때 마다 LED의 밝기가 자동으로 조절되는 효과를 만들 수 있게 됩니다. 그래서 아래 그림의 ❷ 계산 부분은 -240 ~ 240의 값을 0 ~ 255로 변환하는 계산 명령어입니다. 끝으로 0 ~ 255로 변환된 변수 값 Red_LED를 "전압조절 9번핀에 보내기"를 이용해 RGB LED로 신호값을 주면 디지털 9번 핀에 연결된 빨간색 LED가 반응을 하게 됩니다.(0이면 꺼지고 숫자가 255에 가까울수록 더 강한 빨간색이 됩니다.)

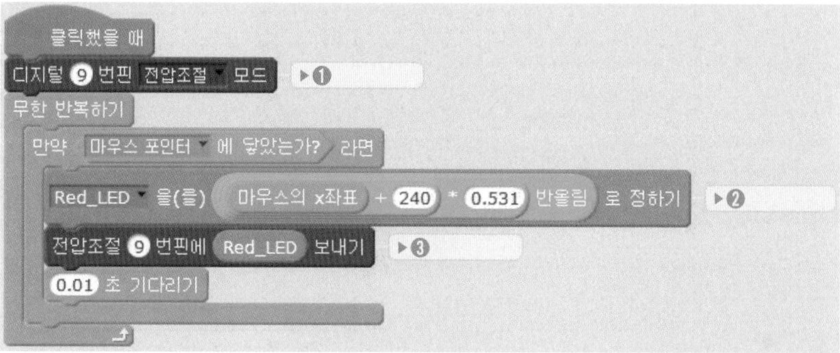

```
클릭했을 때
디지털 9 번핀 전압조절 모드                                   ▶❶
무한 반복하기
  만약 마우스 포인터 에 닿았는가? 라면
    Red_LED 을(를) (마우스의 x좌표 + 240) * 0.531 반올림 로 정하기   ▶❷
    전압조절 9 번핀에 Red_LED 보내기                          ▶❸
    0.01 초 기다리기
```

레드바 스프라이트 명령어

그린바, 블루바 스프라이트의 명령어도 레드바 스프라이트와 똑같습니다. 단지 변수값과 전압조절 디지털 핀 번호가 10번과 11번이라는 점을 주의해 주세요.

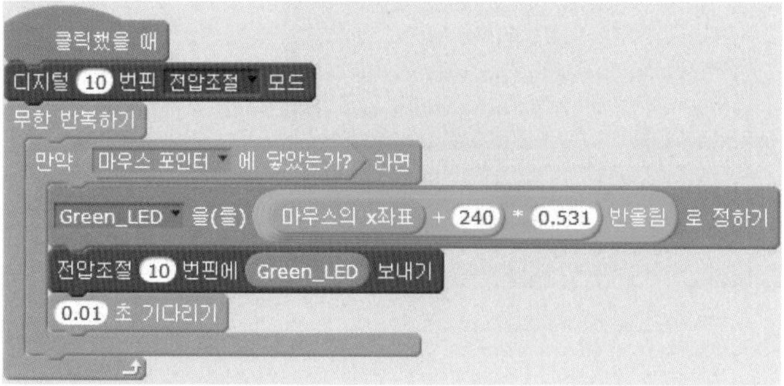

```
클릭했을 때
디지털 10 번핀 전압조절 모드
무한 반복하기
  만약 마우스 포인터 에 닿았는가? 라면
    Green_LED 을(를) (마우스의 x좌표 + 240) * 0.531 반올림 로 정하기
    전압조절 10 번핀에 Green_LED 보내기
    0.01 초 기다리기
```

그린바 스프라이트 명령어

```
클릭했을 때
디지털 11 번핀 전압조절 모드
무한 반복하기
  만약 마우스 포인터 에 닿았는가? 라면
    Blue_LED 을(를) (마우스의 x좌표 + 240) * 0.531 반올림 로 정하기
    전압조절 11 번핀에 Blue_LED 보내기
    0.01 초 기다리기
```

블루바 스프라이트 명령어

이제 RGB LED 작품의 모든 스프라이트 명령어를 완성 했습니다. 녹색 깃발을 누르고 스크래치 화면에서 마우스 포인터를 색깔 스프라이트에 갖다 대어 보세요. 옅은 부분에 갖다 대면 RGB LED의 색이 약하거나 옅은 빛을 나타내고, 진한 부분에 마우스 포인터를 갖다 대면 더 밝아질 겁니다. 그리고 RGB 색깔을 섞어서 노란색, 보라색, 하늘색 등의 다양한 색깔을 만들어 보세요.

RGB LED 주황색 빛 예시

키패드 도어락

키패드 디지털 도어락

이번에 만들어 볼 스크래치 아두이노 작품은 3×4 키패드를 이용한 디지털 도어락입니다. 3×4 키패드는 아래 그림처럼 세로 3줄, 가로 4줄의 버튼을 가진 장치입니다.

아날로그 키패드

키패드를 이용한 전자 제품으로는 전화기의 숫자 패드, 계산기의 숫자 버튼, 컴퓨터 키보드의 숫자 키패드, 디지털 도어락의 키패드 등이 있습니다.

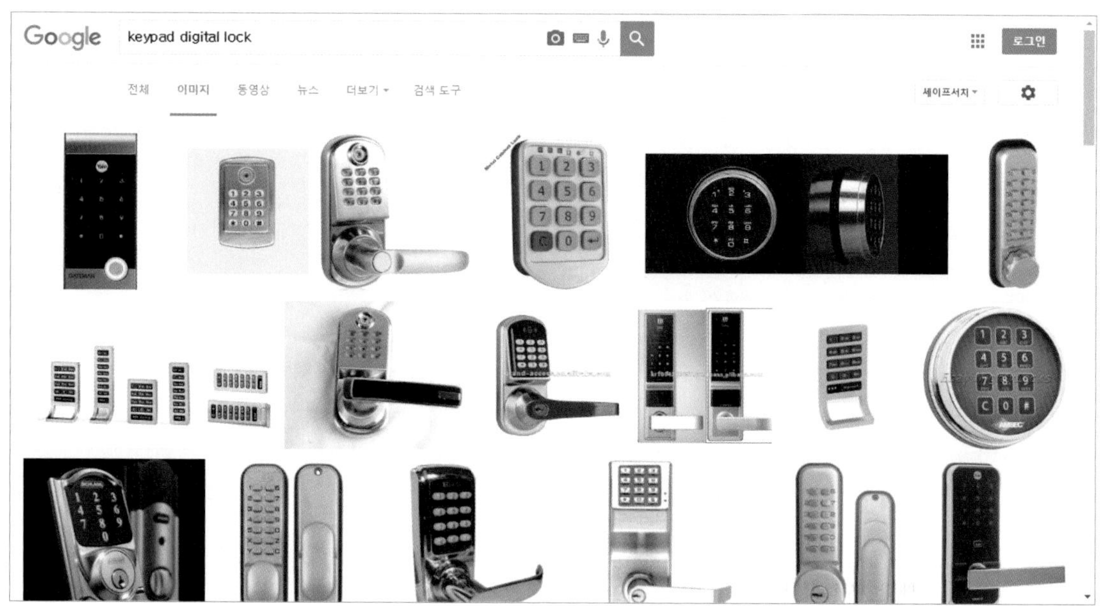

키패드 디지털 도어락 (wikipedia)

01 디지털 도어락을 만들기 위해 필요한 첫 번째 준비물은 아래 그림처럼 숫자가 적혀있는 3×4 키패드 입니다.

3×4 키패드

그리고 잠금장치 역할을 할 서보모터 1개가 필요합니다.

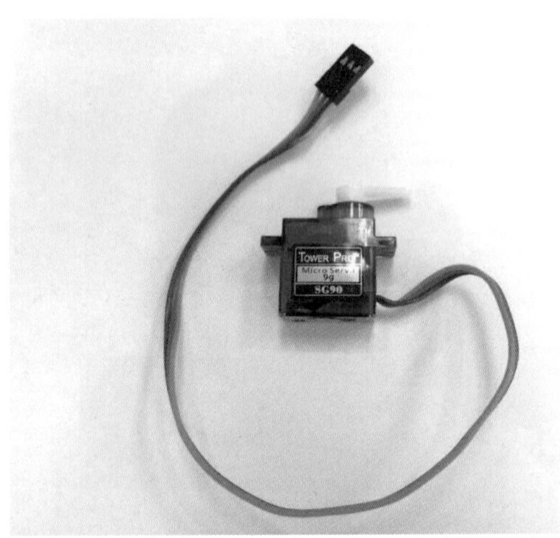

서보모터

키패드와 서보모터, 아두이노를 연결하는 그림은 아래와 같습니다.

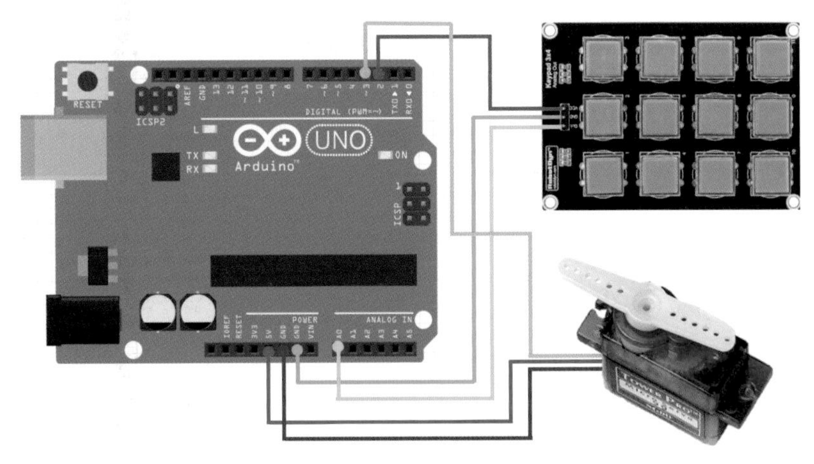

디지털 도어락 연결 그림

디지털 도어락의 동작 모습이 아래에 나와 있습니다. 스크래치 화면에서는 비밀번호를 리스트에 저장하여 보여주고 있고, 키패드의 버튼 4자리를 눌러서 비밀번호 값이 맞으면 고양이 스프라이트가 "비밀번호가 맞습니다"라고 얘기하면서 서보모터가 90도 회전하게 만듭니다. 비밀번호 값이 틀리면 고양이 스프라이트가 "비밀번호가 틀렸습니다"라고 얘기하고 서보모터는 회전하지 않습니다. 4개의 각 숫자 스프라이트에서는 숫자 모양을 0 ~ 9 까지 모두 가지고 있는 상태여야 합니다.(온도 10자리, 온도 1자리, 습도 10자리, 습도 1자리 스프라이트 각자 모두가 숫자 모양 0 ~ 9를 가지고 있습니다.)

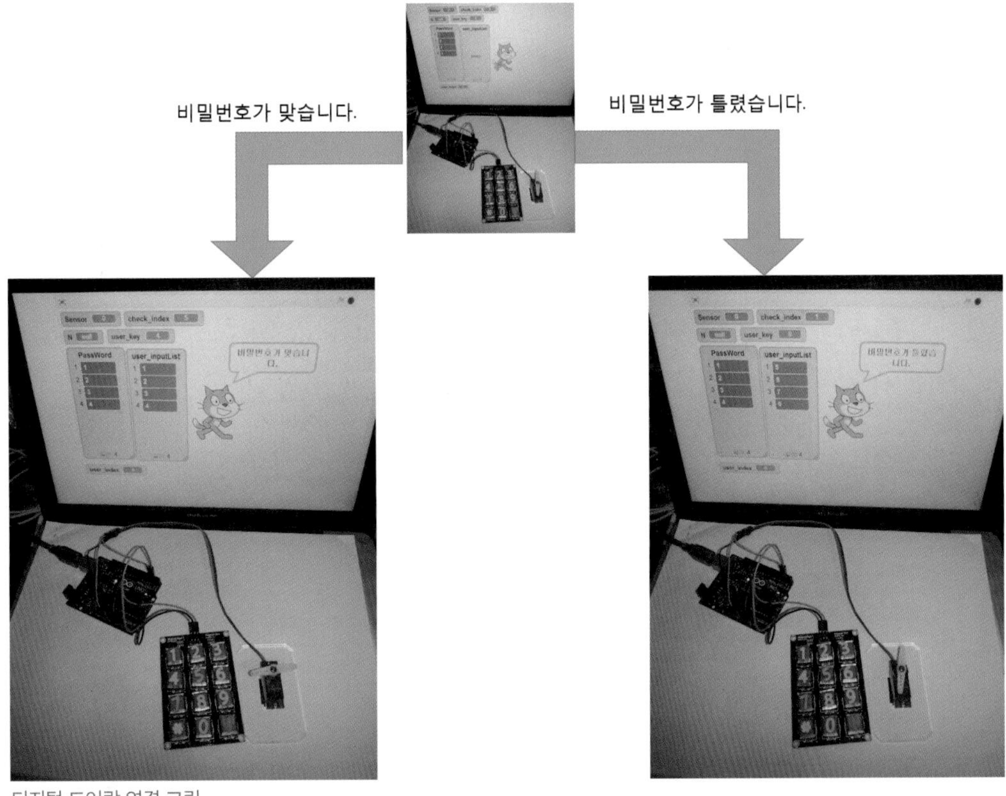

디지털 도어락 연결 그림

02 하드웨어 장치가 다 준비되었으면 이제는 스프라이트를 통해서 디지털 도어락 명령어를 만들어 봅시다. 필요한 스프라이트는 아래 그림처럼 고양이 스프라이트 하나입니다. 고양이 스프라이트에서 키패드 입력과 비밀번호 비교, 서보모터 회전하기, 말하기 등의 모든 명령어를 만들겠습니다.

필요한 스프라이트

우선 몇 가지 변수와 리스트가 필요합니다. 아래 그림에 그것이 나와 있는데요. 각각에 대한 설명을 요약하면 아래와 같습니다.

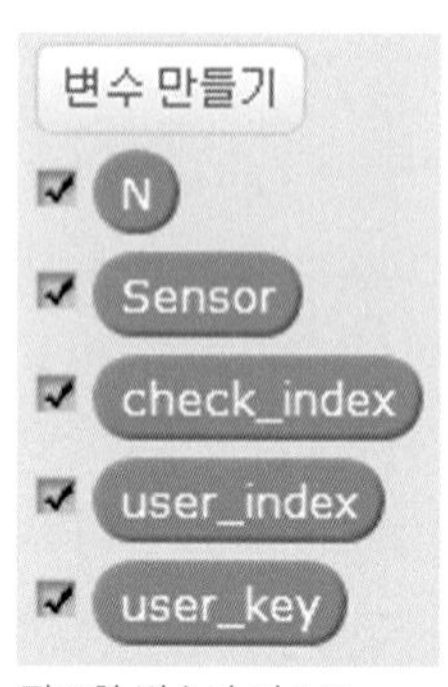

필요한 변수와 리스트

- N : 키패드 입력 숫자값을 저장하는 변수
- Sensor : 키패드 아날로그 신호값을 저장하는 변수
- check_index : 비밀번호가 맞는지 비교할 때 사용될 리스트 인덱스
- user_index : 사람이 입력한 키패드 숫자값을 리스트에 저장할 때 사용될 인덱스
- user_key : 사람이 입력한 키패드 숫자값
- PassWord : 비밀번호 4자리를 저장하고 있는 리스트
- user_inputList : 사람이 입력하는 4자리 숫자값을 저장하는 리스트

여기서 잠시 "인덱스(index)"라는 것에 대해 짧게 설명하겠습니다. 인덱스는 순서를 매긴 번호입니다. 아래 그림에 나와 있는 user_inputList의 첫 번째 칸에 저장되어 있는 값은 4인데, 이 4라는 값은 user_inputList의 1번째 인덱스에 저장되어 있는 겁니다. 스크래치에서는 " ~ 번째 항목을" 이라는 방식으로 번역이 되어 있는데요. " ~ 번째"가 바로 인덱스를 의미하는 겁니다. user_inputList의 두 번째 인덱스에는 숫자 5가 저장되어 있고, 세 번째 인덱스에는 숫자 7이 저장되어 있습니다.

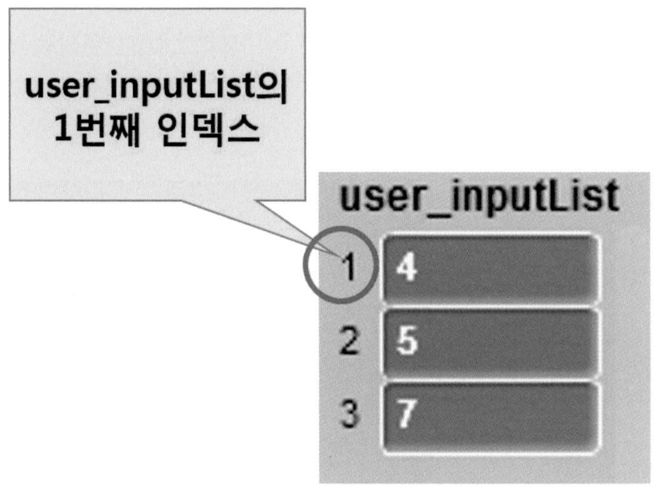

리스트의 인덱스

이렇게 만들어진 변수와 리스트를 방송 명령어를 통해 초기화 할 수도 있습니다. 잠금장치 역할을 하는 서보 모터는 아두이노의 3번 핀에 연결되어 있기 때문에 "디지털 3번핀 서보모드"를 실행하고, 문이 잠겨있다는 의미로 회전 각도를 0도로 유지합니다. 그리고 user_inputList와 PassWord 리스트의 모든 항목을 삭제하여 비웁니다. 그리고 최초로 입력시킬 도어락 비밀번호를 PassWord 리스트에 입력시킵니다.(여기에서는 4자리 비밀번호 1, 2, 3, 4를 입력했습니다) 그리고 user_index, user_key 변수값을 0으로 초기화 합니다.

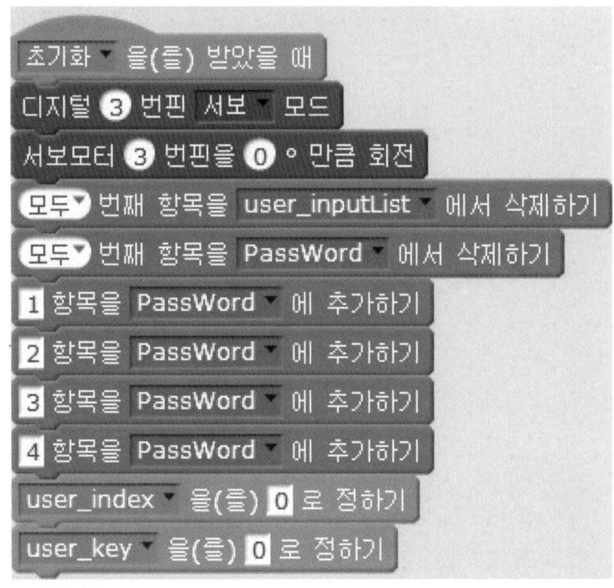

초기화 방송

다음으로 키패드의 입력 숫자값을 처리하는 명령어를 만들어 봅시다. 아두이노 디지털 2번 핀에 연결된 키패드의 전선에 전기신호를 주어야지(1 보내기) 키패드가 정상적으로 작동합니다. 그렇게 키패드를 정상적으로 작동되게 한 뒤, 아두이노의 "아날로그 0번 핀 값 읽어오기"를 통해서 사람이 누른 키패드 버튼의 아날로그 숫자값(0 ~ 1023)을 읽어 올 수 있습니다. Sensor 라는 변수에 "아날로그 0번 핀 값 읽어오기"를 저장한 뒤, 녹색깃발을 클릭하고 키패드 버튼을 하나씩 눌러보세요. 그러면 1023, 930, 850, … 등의 숫자값이 Sensor 변수에 저장되는 것을 확인할 수 있을 겁니다. 아래 그림에 보면 키패드의 뒷면에 각 버튼에 해당되는 아날로그 값이 명시되어 있습니다. 이 값이 정확이 맞기 때문에, 이 아날로그 값을 기준으로 삼아서 각 버튼값에 숫자를 부여해 주면 됩니다. 각 버튼에 숫자값을 부여해 주는 명령어가 아래 그림에 나와 있습니다. 사람의 입력값이 없는 상태는 "null"이라는 것으로 표현하겠습니다.(null은 아무 것도 없다는 뜻입니다.)

키패드 입력 처리 명령어

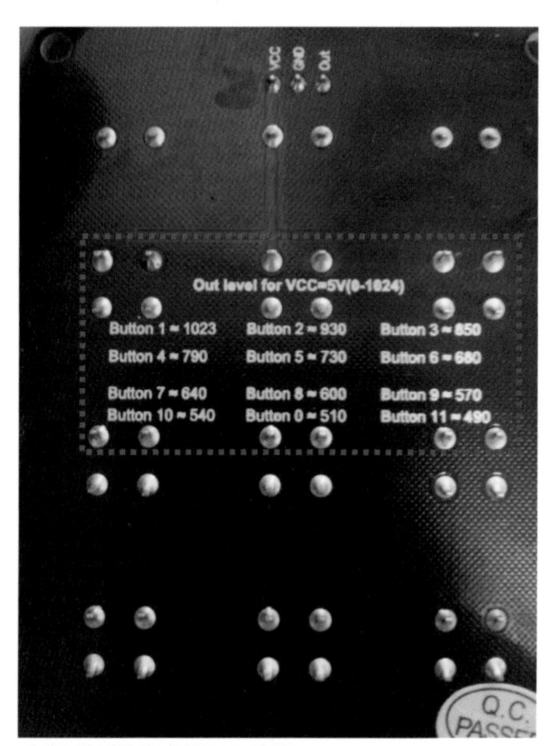

키패드 각 버튼의 아날로그 표시 값]

이제 가장 중요한 부분을 만들어 봅시다. 바로 입력한 숫자들을 지정된 비밀번호와 비교하여 입력한 숫자가 맞는지 틀렸는지 알 수 있게 하는 건데요. 방법은 아주 쉽습니다. PassWord 리스트에 저장되어 있는 비밀번호 4자리(필자는 1, 2, 3, 4)를 사람이 입력한 비밀번호 4자리와 하나씩 비교해서 맞는지 틀렸는지를 알려주면 됩니다. 만약 비밀 번호가 맞으면, 서보모터를 90도 회전해서 문이 열리고 틀리면 서보모터가 회전하지 않고 틀렸다는 메시지를 보냅니다. 비밀번호 비교 명령어는 아래 그림에 나와 있는 번호 순서대로 설명하겠습니다.

❶ 사람이 입력한 숫자값 N이 null값이 아닐 때까지 기다리는 것은, 사람이 입력한 숫자값이 없으면(null이면) 머물러 기다리다가, 유효한 숫자값이 입력되면 그 아래를 실행하겠다는 의미입니다.

❷ 사람의 키패드 버튼 숫자 입력값은 user_key라는 변수에 저장합니다. 그리고 키패드를 손으로 누르는 소리 효과를 위해 "finger snap"소리를 만들어 줍니다.

❸ 유효한 숫자 입력값이 있으면 user_inputList에서 사용될 user_index 변수를 1 증가시켜 줍니다.

❹ 인덱스 값에 맞는 곳에 숫자 입력값을 저장합니다. user_inputList 리스트에서 사용되는 user_index의 위치를 주의하세요.

❺ 사람의 키패드 입력값 N = null일 때까지 기다리는 이유는, 이전에 키패드를 누른 후에 손을 떼는 동작을 했는지 확인하기 위해서입니다. 만약 이 명령어가 없으면 하나의 버튼값이 연속해서 계속 인식되는 오류가 발생합니다.

❻ 변수 user_index = 4이면, 사람이 4자리의 비밀번호 입력을 완료했다는 의미입니다.

❼ 사람이 입력한 4자리 비밀번호(user_inputList)와 기존에 저장해 놓은 비밀번호(PassWord)를 반복문으로 비교합니다.

❽ 두 개의 리스트를 비교할 때 사용되는 인덱스값을 1씩 증가 시켜 줍니다.

❾ check_index 변수값이 5가 되면 4자리 비밀번호가 모두 다 맞는 경우이고, 그렇지 않으면 하나라도 틀린 경우입니다.

❿ 비밀번호 비교가 끝난 뒤, 사람의 키패드 입력값을 저장하는 리스트를 비웁니다.

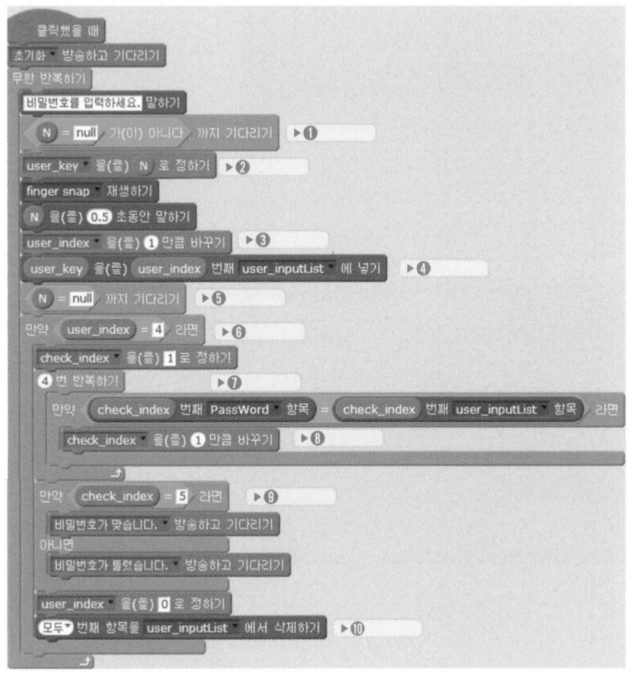

키패드 각 버튼의 아날로그 표시 값

이제 비밀번호 비교가 끝나면, 맞는지 틀린지 여부를 방송을 통해 보여 줍니다. 그리고 만약 비밀번호가 맞으면 잠금장치 역할을 하는 서보모터를 회전시켜 줍니다.

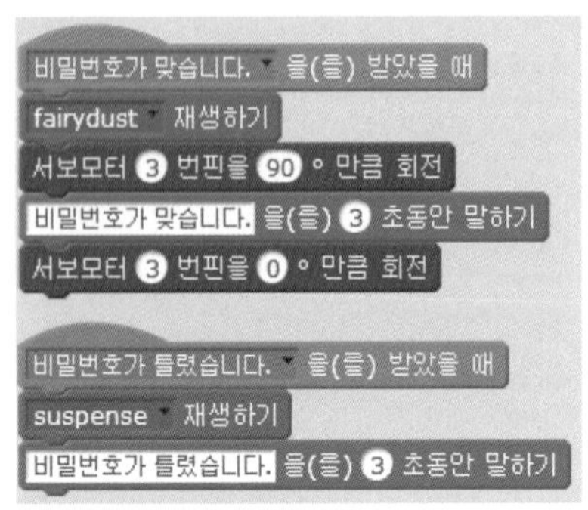

비밀번호 비교 결과 방송하기

이제 디지털 도어락의 모든 명령어를 완성했습니다. 녹색 깃발을 클릭하고 키패드를 손으로 눌러서 작동이 잘 되는지 확인해봅시다. 그리고 1234 외의 다른 비밀번호를 지정해서도 실행 해봅니다.

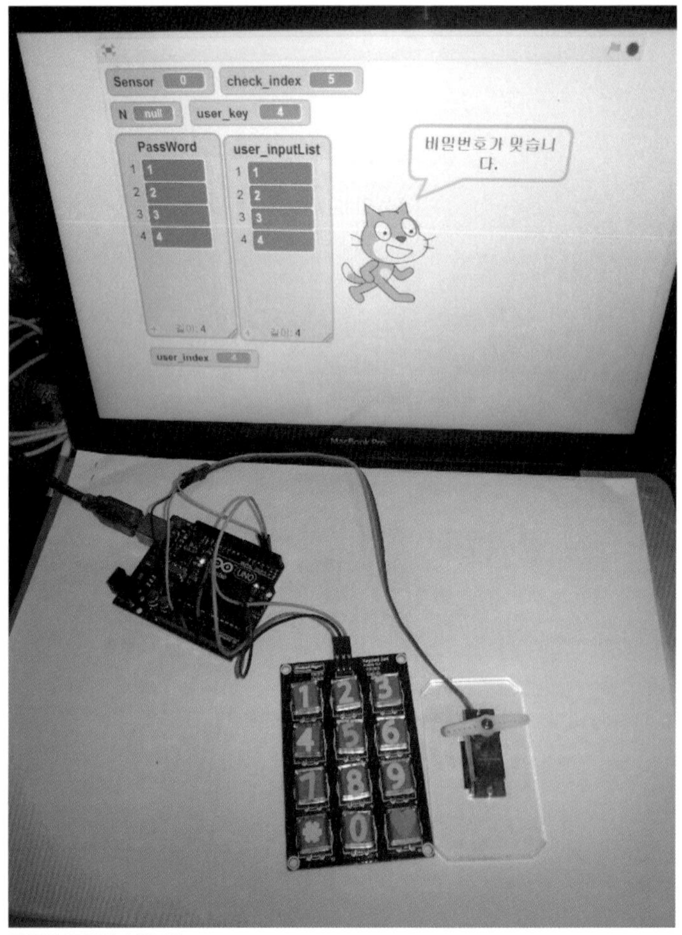

디지털 도어락 실행 예

스크래치 비로 제어하는 선풍기

스크래치 UI 선풍기

이번에 만들어 볼 스크래치 아두이노 작품은 "스크래치 UI로 제어하는 선풍기"입니다. 아래 그림처럼 아두이노와 서보모터, 작은 DC모터 모듈을 연결하여 마치 실제 선풍기처럼 회전하면서 바람을 만들 수 있습니다.

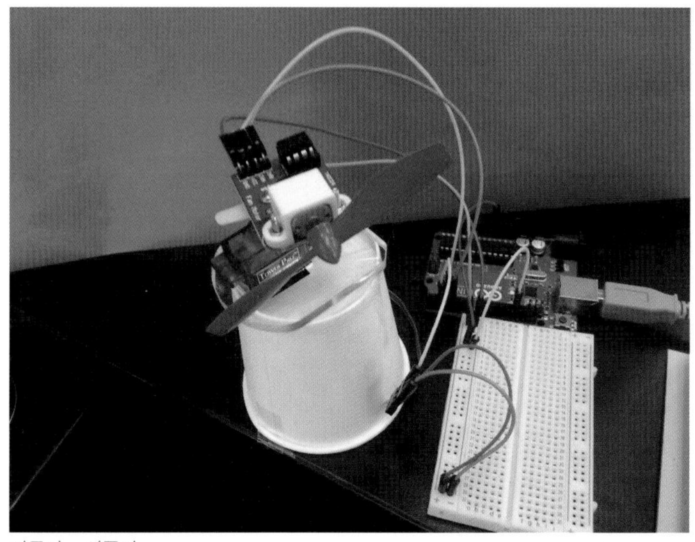

아두이노 선풍기

선풍기를 스크래치에서 아래 그림과 같은 UI(User Interface, 화면의 버튼 같은 것)로 제어 할 것입니다. 스크래치에서 선풍기의 회전을 선택하는 회색 버튼과 선풍기 날개의 바람 속도를 조절할 녹색 버튼에 줄 명령을 만들어 보는 것이 목표입니다.

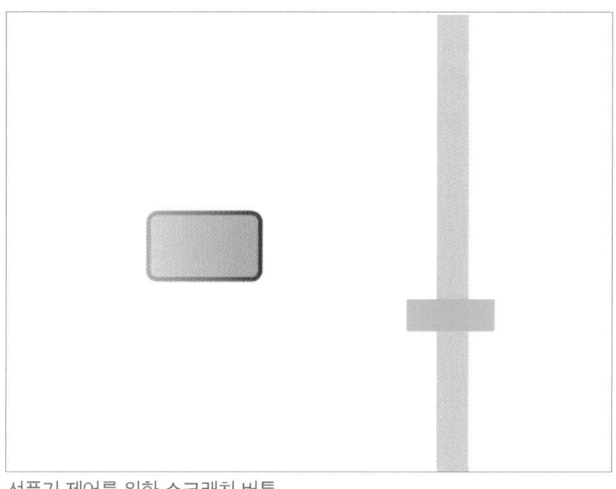

선풍기 제어를 위한 스크래치 버튼

01 아두이노와 서보모터, 선풍기 모듈을 연결하는 방법이 아래 그림에 나와 있습니다. 서보모터를 구입하면 서보모터 투명 봉지 안에 나사가 들어 있습니다. 그림에서 보이는 선풍기 모듈 구멍과 서보모터의 구멍에 딱 맞게끔 그 나사를 박아 주셔야 합니다. 그리고 선풍기 날개가 약간 긴 편이라 그냥 선풍기 날개를 돌리면 땅에 닿을 수도 있으니 종이컵 위에 선풍기를 올려서 테이프로 고정해 주시면 되겠습니다.

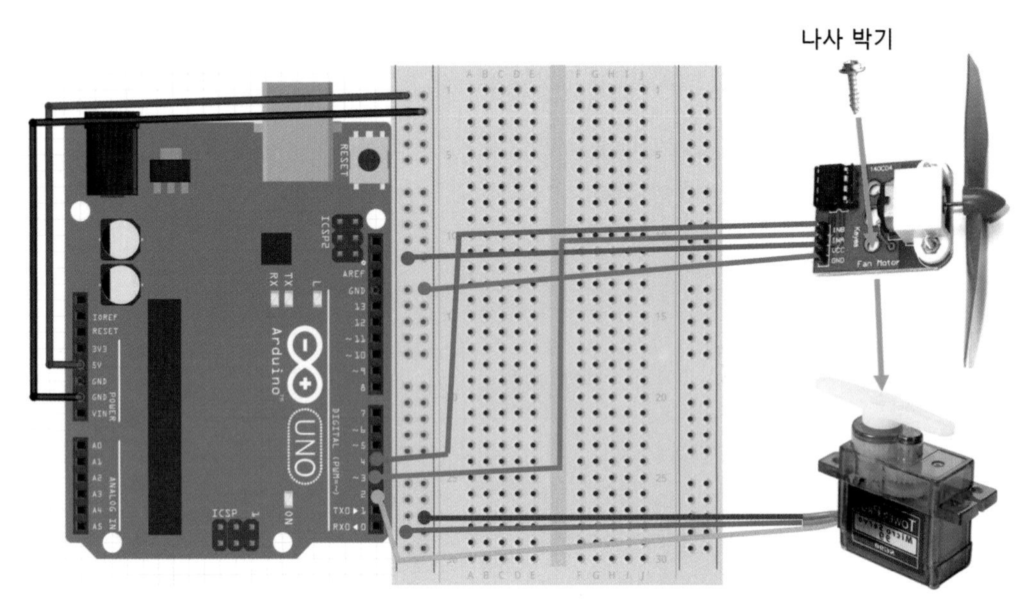

아두이노 선풍기 연결 그림

아두이노와 선풍기 모듈, 서보모터의 정확한 연결 핀 번호는 아래 그림처럼 표로 나와 있습니다.

선풍기 모듈	아두이노 핀
VCC	5V
GND	GND
INA	3
INB	4

서보모터	아두이노 핀
빨간선(VCC)	5V
갈색선(GND)	GND
주황선(신호)	2

아두이노 선풍기 연결 핀 번호

02 선풍기 제어를 위해 스크래치에서 필요한 스프라이트는 기둥, 속도조절, 회전버튼입니다. 아래 그림에 나와 있습니다.

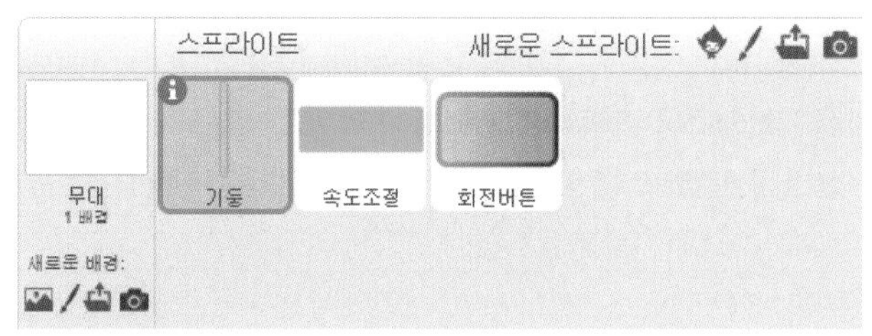

필요한 스프라이트

이 3가지 스프라이트의 크기와 배치해야할 곳은 아래 그림처럼 해주시면 됩니다.

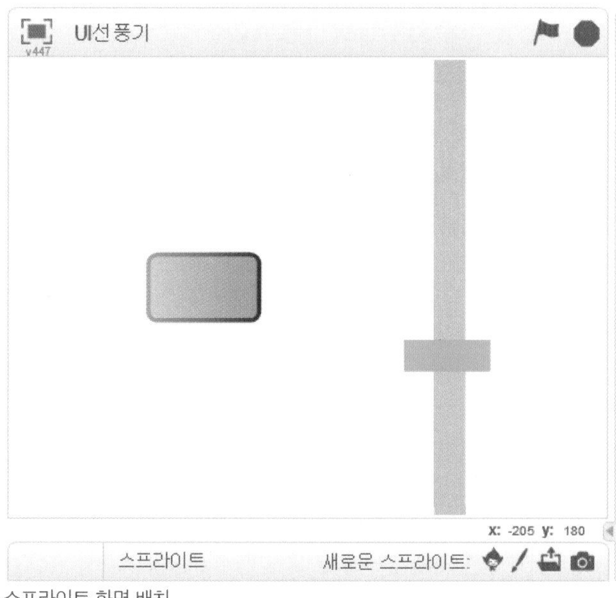

스프라이트 화면 배치

회전버튼 스프라이트는 원래 스크래치에 있는 스프라이트로서, 아래 그림처럼 모양이 2개라는 점을 꼭 알아두세요.

회전버튼 스프라이트의 2가지 모양

먼저 회전버튼 스프라이트를 선택하세요. 여기에서는 선풍기의 회전을 담당하는 명령어를 만들어야 합니다(날개 회전이 아니라 선풍기 전체가 좌우로 회전하는 것을 말합니다). 서보모터를 이용해서 선풍기가 회전을 할지 안 할지를 정하는 버튼 기능과 회전 명령 기능을 만들겠습니다.

회전버튼 스프라이트를 클릭하면 모양을 바꾸는 명령어를 따로 만들어줍니다.

❶ 녹색 깃발을 클릭하면 버튼 모양을 "회전off"모양(회색버튼)으로 바꾸어 줍니다.

❷ 또한 서보모터의 신호선(주황색선)이 아두이노의 디지털 2번 핀에 연결되어 있기 때문에 2번 핀을 "서보모드"로 바꾸어 주어야 합니다. 만약 버튼 스프라이트를 클릭해서 모양이 바뀌면

❸ "각도", "각도변화량" 변수 값을 이용하여 "각도" 값이 0 ~ 170 사이에서 변하게 만들어 준 뒤, "서보모터 2번 핀을 ~ 만큼 회전"에 "각도" 변수를 넣어주어서 서보 모터가 0도 ~ 170도 사이로 회전할 수 있게 만들어 줍니다.

회전하는 속도를 의미하는 "각도변화량"은 1정도가 적당합니다.

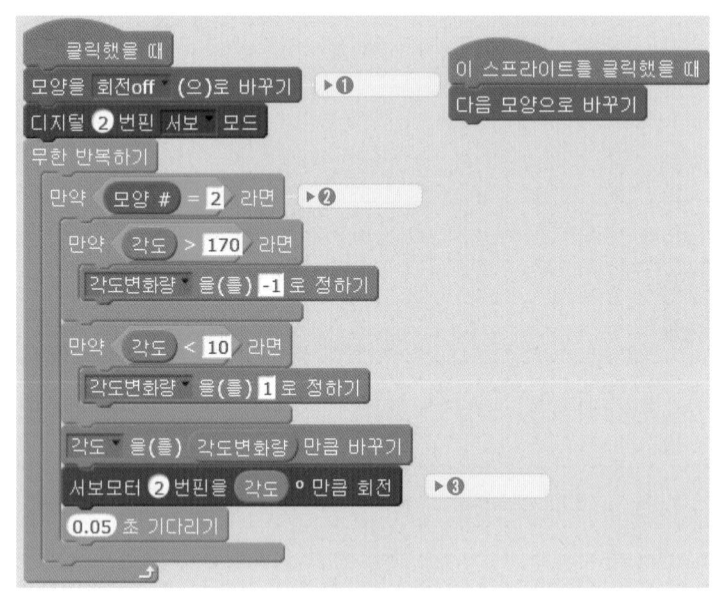

서보모터 회전 명령

이제 선풍기 날개의 회전 속도를 조절하는 녹색 버튼 스프라이트를 선택하세요. 녹색 버튼을 마우스로 클릭한 상태에서 위아래로 움직이면 버튼이 마우스를 따라서 움직이게 할 겁니다. 위로 올라갈수록 선풍기 날개가 빨리 회전하게 만들고, 아래에 있으면 느려지다가 가장 아래에 버튼이 있으면 선풍기가 꺼지게 만들겠습니다.

※ 주의 사항이 있습니다. 녹색 버튼의 명령어를 다 완성하고, 반드시 전체 화면으로 바꾼 다음 녹색 깃발을 눌러 실행하세요. 그렇지 않으면 녹색 버튼이 원하지 않게 좌우로 움직일 수 있습니다.

아래 그림은 녹색 버튼의 위치를 조절하는 명령어입니다.

❶ 우선, 녹색 버튼을 기둥 스프라이트의 X좌표에 맞추고, 높이는 y = −160 으로 해주어 녹색 버튼이 화면 아랫바닥에 위치되도록 해줍니다.

❷ 그리고 마우스 포인터가 녹색 버튼에 닿음과 동시에 클릭이 발생했다면,

❸ 마우스를 다시 뗄 때까지 녹색 버튼이 마우스를 따라 다니도록 만들어 줍니다.

❹ 그리고 녹색 버튼이 화면을 벗어나지 않도록 위쪽과 아래쪽 제한선을 만들어 줍니다. 또한, 마우스를 녹색 버튼 바깥에서 클릭한 상태로 마우스를 끌고 와서 녹색 버튼에 닿으면 아무런 일이 일어나지 않게 하기 위해 마우스를 뗀 다음에 다시 녹색 버튼을 클릭하는 동작을 반드시 하게끔 시키는 명령어를 만들어 줍니다.

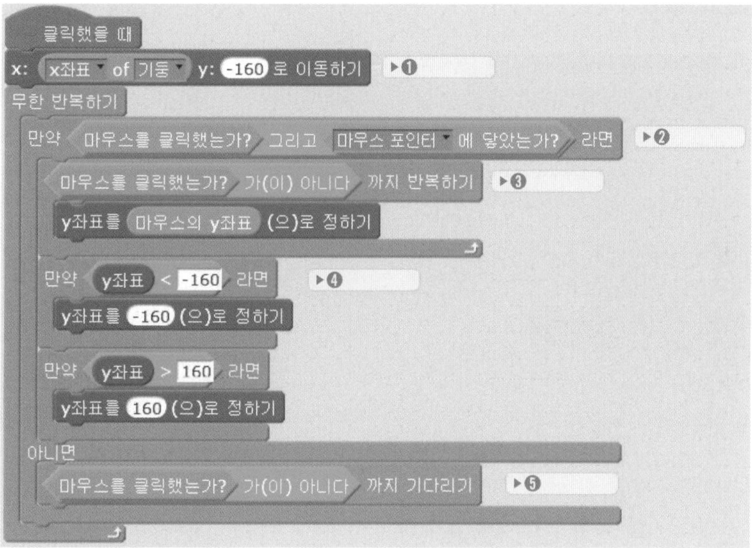

```
클릭했을 때
x: (x좌표 of 기둥) y: -160 로 이동하기        ▶❶
무한 반복하기
  만약 <마우스를 클릭했는가? 그리고 마우스 포인터 에 닿았는가?> 라면        ▶❷
    <마우스를 클릭했는가?> 가(이) 아니다 까지 반복하기        ▶❸
      y좌표를 (마우스의 y좌표) (으)로 정하기
    만약 <y좌표 < -160> 라면        ▶❹
      y좌표를 -160 (으)로 정하기
    만약 <y좌표 > 160> 라면
      y좌표를 160 (으)로 정하기
  아니면
    <마우스를 클릭했는가?> 가(이) 아니다 까지 기다리기        ▶❺
```

녹색 버튼 위치 조절 명령어

마지막으로, 아래 첫 번째 그림을 보시면 선풍기 날개 속도를 조절하는 명령어를 확인할 수 있습니다. 보다시피 선풍기 모듈은 아두이노의 디지털 3번과 4번에 연결되어 있습니다.

❶ 이제 3번을 전압조절 모드로 만들어야 합니다. 약한 전기신호부터 강한 전기신호까지 선풍기에 신호를 보내면, 날개의 회전 속도를 조절할 수 있습니다.

❷ 선풍기의 날개 속도는 아두이노의 특성을 고려해 0 ~ 255 사이의 숫자값으로 조절해야합니다. 즉 "전압조절 3번 핀에 ~ 보내기" 부분에서 " ~ " 안을 0에서 255사이의 숫자값으로 채워야 합니다. 0은 전기신호가 없는 것이고 255로 갈수록 전기신호가 강해져서 선풍기 날개가 빨리 회전하게 됩니다.

❸ 그렇게 하기 위해서는 일단 스크래치 화면에서 마우스로 움직이는 녹색 버튼의 y좌표값(-160 ~ 160)을 0 ~ 255로 변환해야 합니다. 변환을 위한 수학식은 아래 그림의 ❷ 명령어입니다. 변환 공식과 계산 과정에 대한 설명은 아래쪽 두 번째 그림을 참고해주세요. 이렇게 선풍기 속도 변수도 0부터 255사이에 머물 수 있도록 조절해줍니다.

❹ 이렇게 정해진 "선풍기 속도" 변수를 "전압조절 3번 핀에 선풍기 속도 보내기"에 적용해주면, 아두이노의 디지털 3번 핀이 선풍기 쪽으로 전기신호를 보낼 수 있습니다.

```
클릭했을 때
디지털 3 번핀 전압조절 모드                                   ▶❶
디지털 4 번핀에 0 보내기
무한 반복하기
  선풍기속도 을(를) (y좌표 of 속도조절) - -160 * 0.797 반올림 로 정하기   ▶❷
  만약 선풍기속도 < 0 라면                                     ▶❸
    선풍기속도 을(를) 0 로 정하기
  만약 선풍기속도 > 255 라면
    선풍기속도 을(를) 255 로 정하기
  전압조절 3 번핀에 선풍기속도 보내기                           ▶❹
  0.01 초 기다리기
```

선풍기 날개 속도 조절 명령어

< 변환 공식과 계산 과정 >

$$D_{out} = (S_{\in} - S_{min}) \times \frac{(D_{max} - D_{min})}{S_{max} - S_{min}} + D_{min}$$

$S_{\in}$: 센서 입력값(sensor input value)
S_{min} : 센서 최소값(minimum of sensor value)
S_{max} : 센서 최대값(maximum of sensor value)
D_{out} : 변환된 값(mapped value)
D_{min} : 변환 최소 값(mapped minimum value)
D_{max} : 변환 최대 값(mapped maximum value)

• **선풍기속도 =**
(y좌표of스프라이트-(-160)) x { (255-(0))/ (160-(-160) }+0

변환 공식과 계산 과정

이제 모든 스프라이트의 명령어가 완성되었습니다. 반드시 스크래치의 화면을 전체화면으로 바꾼 뒤, 녹색 깃발을 클릭하여 실행하세요. 그리고 마우스로 녹색 네모 스프라이트를 클릭한 상태에서 위아래로 움직여 보세요. 선풍기 날개의 회전 속도가 바뀌나요? 이번에는 회색 버튼 스프라이트를 클릭해서 서보모터가 회전할 수 있게 해보세요.

가속도 센서를 이용한 자동차 운전

UNIT 1 가속도 센서를 이용한 자동차 운전

이번에 만들어 볼 스크래치 아두이노 작품은 "가속도 센서를 이용한 자동차 운전"입니다. 아래 그림에 센서 사진이 나와 있습니다. 이 가속도 센서는 X, Y축으로 기울어지는 정도에 따라서 출력값이 규칙적으로 달라집니다. 그래서 이 센서를 브레드 보드에 장착하고 브레드 보드를 상하 좌우로 기울이면 규칙적인 아날로그 값을 읽어 들일 수 있습니다. 닌텐도 wii 조종기 같은 기울기 감지 조종 장치를 만들 수 있게 됩니다. 이 센서를 이용해서 스크래치에서 만든 자동차 운전을 해보려고 합니다.

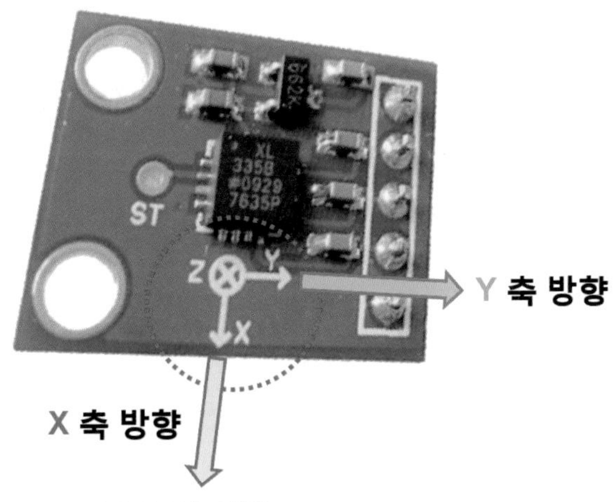

ADXL335 GY-61 가속도 센서

01 우선 아두이노와 가속도 센서의 연결은 아래 그림과 같습니다. 노란색 동그라미 친 부분은 가급적이면 긴 전선으로 연결해 주세요. 나중에 브레드 보드를 손으로 들어서 좌우로 기울여서 조종을 할 때, 전선이 길어야 불편하지 않을 겁니다.

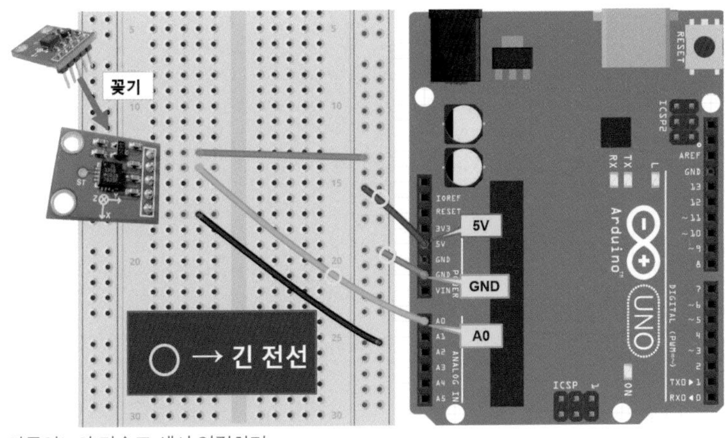

아두이노와 가속도 센서 연결하기

02 이제 스크래치로 자동차 게임을 만들어 봅시다. 우선 아래 그림과 같은 무대 배경을 그려야 합니다. 하늘, 아스팔트 도로, 흙 길, 잔디를 그림과 같이 만들어 주세요.

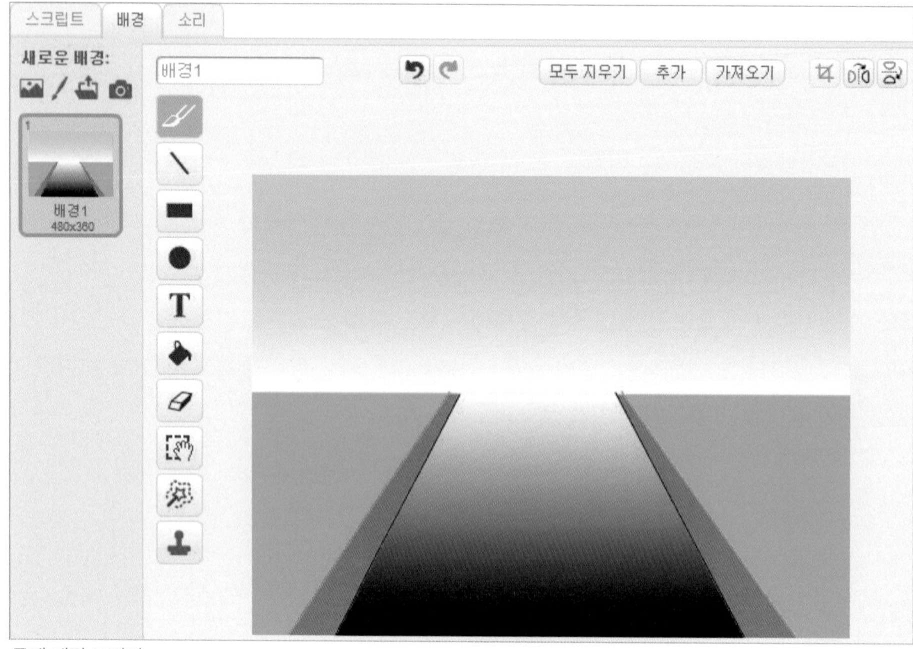

무대 배경 그리기

필요한 스프라이트는 아래와 같습니다. 마이카가 아스팔트 길 위에서 좌우로 움직일 예정입니다. 그리고 블루카와 블랙카가 저 멀리서 역주행으로 달려올 겁니다. 중앙선과 나무도 역시 멀리서 점점 커지면서 가까이 다가오게 만들어 마치 마이카가 달려가고 있는 것처럼 표현하려고 합니다.(그림의 스프라이트는 필자의 블로그 cafe.naver.com/wootekken에서 다운로드 받으실 수 있습니다.)

무대 배경 그리기

아래 그림처럼 왼쪽과 오른쪽에 나무가 점점 가까이 다가오고, 중앙선과 블루카, 블랙카가 화면 밑으로 점점 커지면서 다가오게 만들어야 합니다.

작품 개요

가장 먼저 왼쪽 나무 스프라이트에게 그 명령을 만들어 줍시다. 방법은 어렵지 않습니다.

왼쪽 나무 스프라이트를 복제한 뒤에 원본 스프라이트를 숨깁니다. 복제된 스프라이트 크기를 아주 작게(5%) 만든 뒤 적당한 각도(220도)와 시작 위치를 마우스로 지정해줍니다. 그리고 "6만큼 움직이면 크기를 3만큼 바꾸기"를 총 30번 해줍니다. 6×30=180만큼 나무 스프라이트가 움직이며 조금씩 커지게 됩니다.

※ 30번 반복이 끝나면 복제본을 삭제합니다.

```
클릭했을 때
숨기기
무한 반복하기
    나 자신 복제하기
    4 초 기다리기

복제되었을 때
회전방식을 회전하지 않기 로 정하기
220 도 방향 보기
크기를 5 % 로 정하기
x: -78 y: 15 로 이동하기
보이기
30 번 반복하기
    6 만큼 움직이기
    크기를 3 만큼 바꾸기
    0.2 초 기다리기
이 복제본 삭제하기
```

왼쪽 나무 스프라이트 제어 명령어

왼쪽 나무의 명령어를 다 완성했다면 다른 스프라이트들의 명령어도 비슷하기 때문에 명령어를 복사해서 사용하시면 됩니다. 오른쪽 나무 스프라이트의 명령어는 왼쪽 명령어를 복사한 다음에, 움직이는 방향과 시작 위치만 바꿔주면 됩니다.

오른쪽 나무 스프라이트 제어 명령어

녹색 깃발을 한 번 클릭해서 나무가 잘 움직이는지 확인해보세요. 중앙선 스프라이트는 아래와 같이 마름모꼴로 직접 그렸습니다.

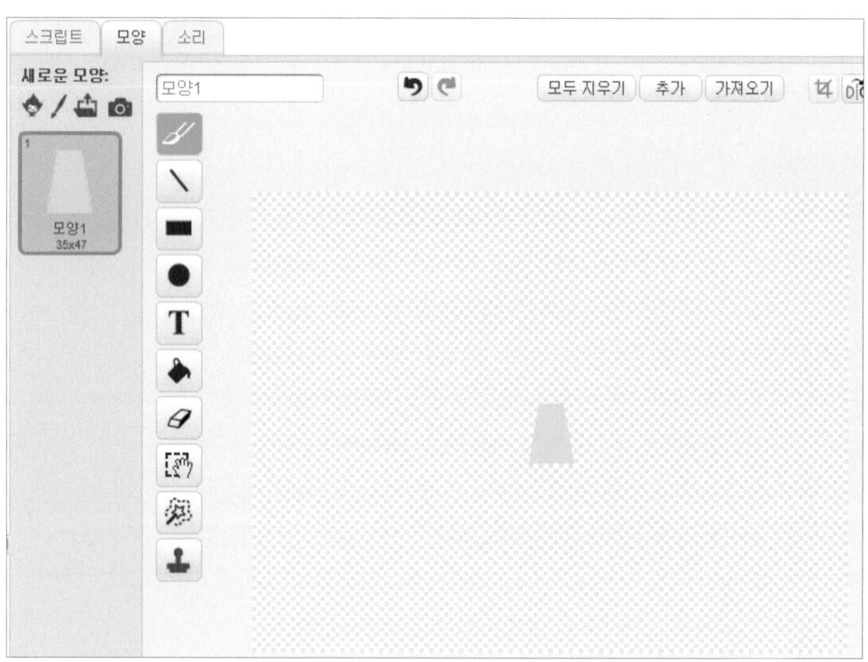

중앙선 스프라이트 그림

중앙선 스프라이트의 명령어도 나무와 비슷합니다. 단지 복제한 뒤에 기다리는 시간과 시작 방향, 시작위치, 반복 횟수가 수정되었다는 점을 주의해 주세요.(자신이 그린 무대 배경이 필자와 다를 수 있으므로, 나무와 중앙선 스프라이트의 방향과 시작위치는 직접 마우스로 옮겨 가면서, 테스트를 해가면서 수정해 주셔야 합니다. 따라서 필자의 방향값, 시작위치값과 약간씩 다를 수 있습니다.)

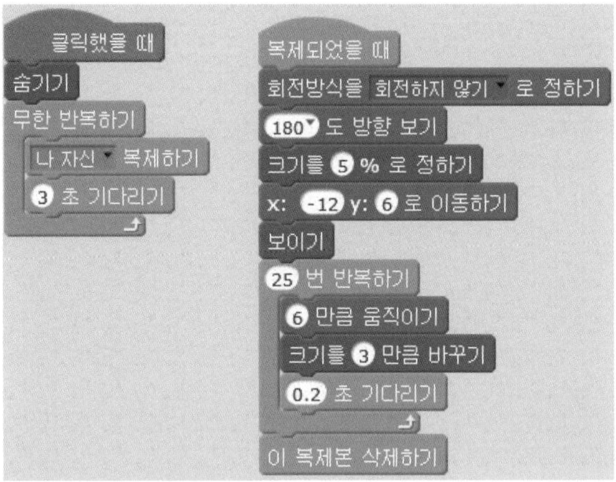

중앙선 스프라이트 제어 명령어

블루카 스프라이트도 역시 마찬가지입니다. 그러나 다른 점이 좀 있습니다. 블루카 자신을 복제한 다음에 변수 p가 25가 될 때까지 기다린 후 다시 복제가 가능하게 해줍니다. 블루카와 블랙카가 서로 교차로 오도록 하기 위해서입니다. 블랙카 스프라이트에서 p값을 1씩 증가시키게 해주어서 블랙카가 화면 아래쪽에 다다를 때면 p = 25가 되고, 그때 블루카가 다시 출발을 하게(복제시작) 만들면 서로가 교차로 움직이게 됩니다.

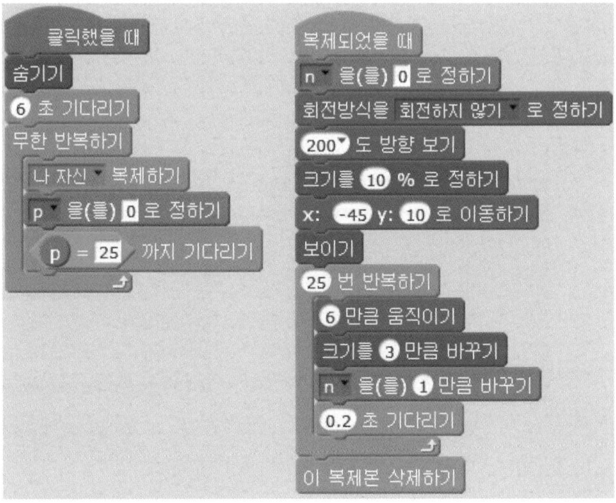

블루카 스프라이트 제어 명령어

블랙카도 변수 n = 25가 될 때까지 기다렸다가 복제되게 해줍니다. 변수 n은 블루카에서 1씩 증가되어 블루카가 화면 아래쪽에 다다르면 n = 25가 되게끔 만들어져 있습니다.

```
클릭했을 때
숨기기
n 을(를) 0 로 정하기
무한 반복하기
    n = 25 까지 기다리기
    나 자신 복제하기
    n 을(를) 0 로 정하기

복제되었을 때
p 을(를) 0 로 정하기
회전방식을 회전하지 않기 로 정하기
160 도 방향 보기
크기를 10 % 로 정하기
x: 30 y: 11 로 이동하기
보이기
25 번 반복하기
    6 만큼 움직이기
    크기를 3 만큼 바꾸기
    p 을(를) 1 만큼 바꾸기
    0.2 초 기다리기
이 복제본 삭제하기
```

블랙카 스프라이트 제어 명령어

이제 마이카 스프라이트만 남았습니다. 마이카는 가속도 센서의 기울기 값으로 조종할 것이기 때문에, 가속도 센서의 특징을 알아야 합니다. 코드아이를 실행해서 아두이노와 스크래치를 연결해 주세요. 아래 그림에 나와 있는 것처럼, 브레드 보드에 연결된 가속도 센서는 기울기가 평평할 때(수평) X축 출력값이 대략 330 정도 나옵니다. 그리고 오른쪽으로 90도 기울이면 약 260, 왼쪽으로 90도 기울이면 약 400정도의 출력값을 확인할 수 있습니다.(약간의 오차는 있을 수 있습니다.)

우리는 센서를 왼쪽, 오른쪽으로 기울이면 마이카 스프라이트가 왼쪽, 오른쪽으로 움직이게 만 만들 것입니다. 그래서 기울기를 판단할 중간 기준값만 정해주면 됩니다. 아래 그림처럼 필자는 기준값을 350, 310으로 정했습니다.

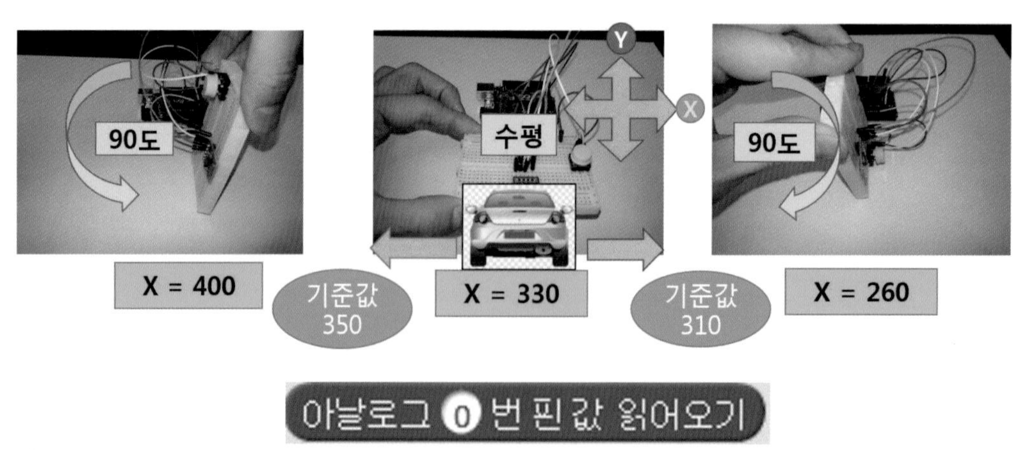

가속도 센서 기울기 값 테스트

마이카 스프라이트를 선택하세요. 마이카는 화면의 아래쪽 가운데를 시작 위치로 정해줍니다. 그리고 가속도 센서의 가로 방향의 기울기를 의미하는(X축 방향) "아날로그 0번 핀 값 읽어오기" 블록을 가져와서 이 값이 350보다 크면 왼쪽으로 기울인 것이니까 마이카가 왼쪽으로 움직이게(-4 만큼 움직이기) 해주고, 310보다 작으면 오른쪽으로 기울인 것이니까 마이카가 오른쪽으로 움직이게(4 만큼 움직이기) 해줍니다.
그리고 만약 마이카가 흙길에 닿으면 움직이는 속도가 줄어들게도 해줍니다.(-1, 1 만큼 움직이기)

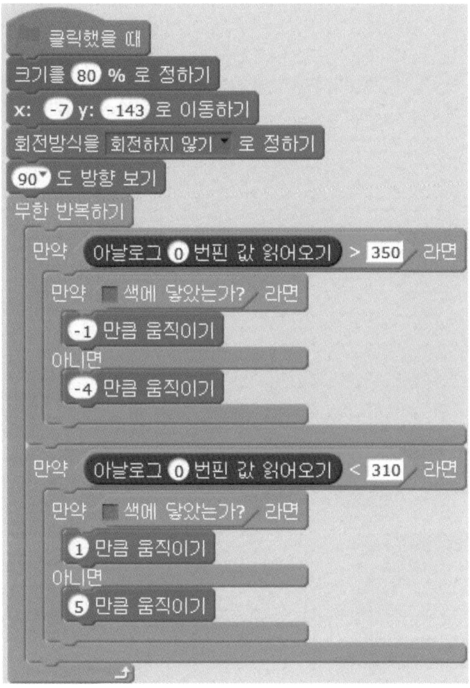

```
클릭했을 때
크기를 80 % 로 정하기
x: -7 y: -143 로 이동하기
회전방식을 회전하지 않기 로 정하기
90 도 방향 보기
무한 반복하기
  만약 아날로그 0 번핀 값 읽어오기 > 350 라면
    만약 색에 닿았는가? 라면
      -1 만큼 움직이기
    아니면
      -4 만큼 움직이기
  만약 아날로그 0 번핀 값 읽어오기 < 310 라면
    만약 색에 닿았는가? 라면
      1 만큼 움직이기
    아니면
      5 만큼 움직이기
```

마이카 스프라이트 명령어

이제 모든 스프라이트의 명령어를 완성했습니다. 녹색 깃발을 클릭하고 가속도 센서가 연결된 브레드 보드를 손으로 들어서 수평, 좌, 우로 기울여 보세요. 마이카가 올바른 방향으로 움직이는지 확인하세요. 그리고 블루카와 블랙카가 역주행 하다가 마이카와 부딪히면 마이카의 점수 또는 에너지가 닳는 명령어를 만들어 보세요. 그러면 좀 더 재밌는 게임이 될 겁니다.

SCRATCH

CHAPTER 04

스크래치와 립모션 프로젝트

TCH

립모션과 스크래치 기초

UNIT 1

립모션 기초

아래 그림처럼 립모션 위에 손을 올리면 컴퓨터 속 프로그램에 내 손이 나타나는 걸 볼 수 있는데요. 이렇게 현실공간에 있는 손으로 컴퓨터 가상공간에 영향을 미치는 게 가능합니다. 립모션은 게임, 음악, 예술, 의료 장치 프로그램 등 사람 손으로 제어 가능한 곳에 응용되고 있습니다.

립모션 사용 예

립모션이 활용될 수 있는 앱(프로그램)이나 실제 산업 현장의 적용 사례를 더 보고 싶으시다면 아래의 사이트를 방문해 보세요.

⊙ 립모션 앱 https://apps.leapmotion.com

⊙ 립모션 실제 적용 https://www.leapmotion.com/solutions

01 립모션을 스크래치와 연동하기 위해서는 먼저 환경 설정을 해야 합니다. 방법은 https://www.leapmotion.com/setup 사이트에서 확인할 수 있습니다. 사이트 화면에 나와 있는 설명은, 먼저 립모션에 붙어있는 스티커를 떼고, 컴퓨터에 연결한 뒤(USB케이블 사용) 아래의 컴퓨터 운영체제에 맞는 프로그램을 다운로드 받아서 설치를 하면 됩니다.

립모션 프로그램 다운 사이트

립모션 프로그램을 설치하면 립모션 앱 홈 이라는 아이콘이 생길 겁니다. 또는 설치 후 자동으로 립모션 앱 홈이 아래 그림처럼 실행될 겁니다. 립모션 앱 스토어 홈페이지를 클릭해서 접속합니다.

립모션 앱 홈

립모션 앱스토어 화면 상단에서 "scratch"라고 검색해서 아래 그림처럼 "Scratch 2.0 Plug-in for Leap Motion" 페이지가 나타나면 클릭합니다.

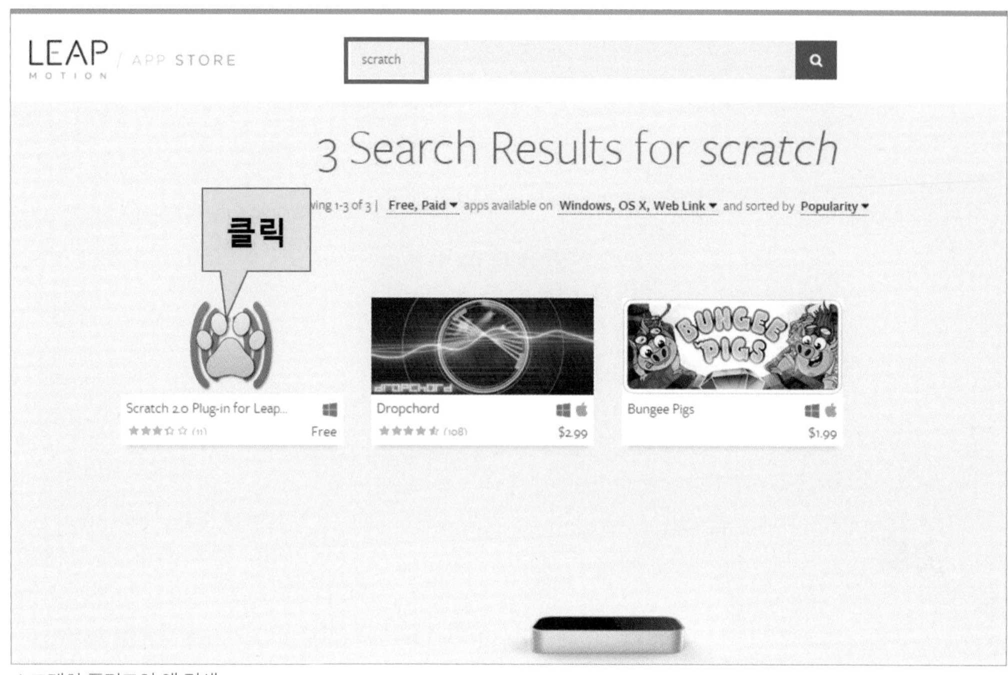

스크래치 플러그인 앱 검색

"Free" 버튼을 클릭하여 스크래치 플러그인 앱을 다운 받습니다.

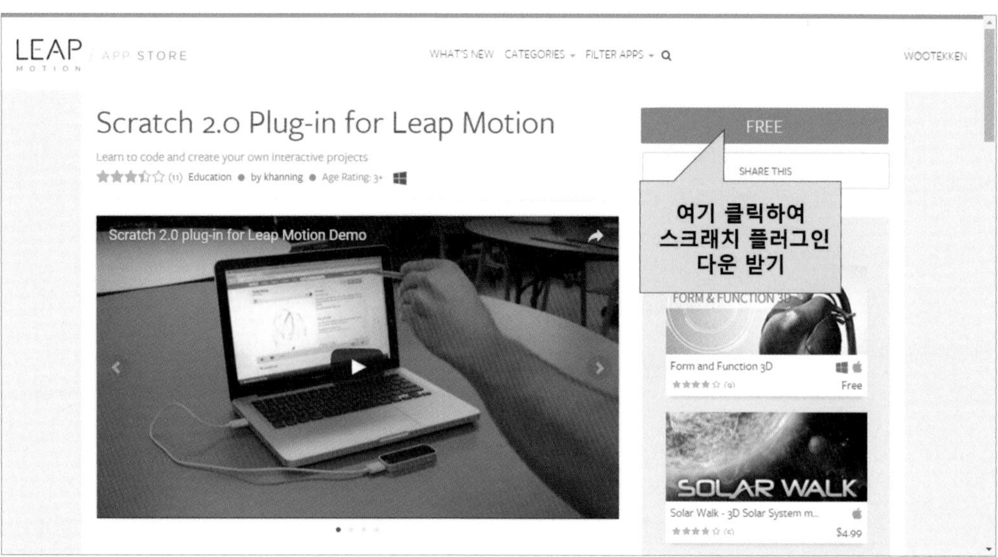

스크래치 플러그인 다운받기

접속 화면에서 조금 아래쪽으로 내려가면 아래 같은 글이 나오는데요. 여기에서 "LeapMotion.json"을 마우스 오른쪽 클릭을 하여 다운로드 받습니다.

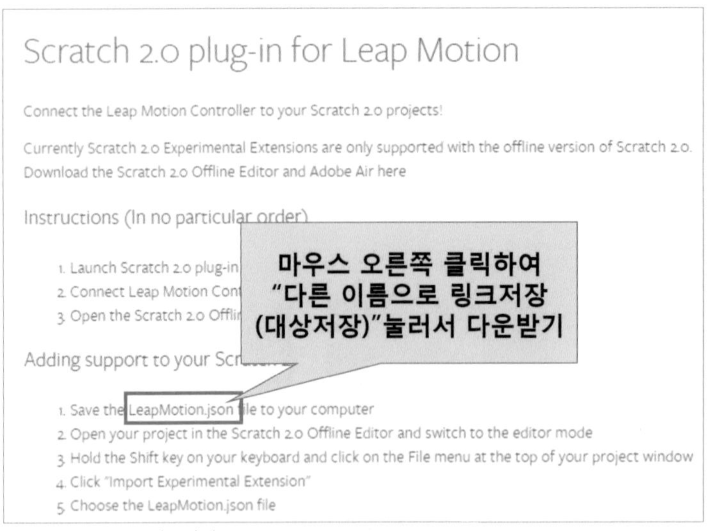

LeapMotion.json 다운받기

이제 스크래치 2.0 오프라인 에디터를 실행합니다. 그리고 키보드의 Shift키를 누르고 있는 상태에서 스크래치 상단의 "파일" 메뉴를 클릭하고, 아래 그림처럼 "HTTP확장 기능 불러오기"를 클릭합니다.

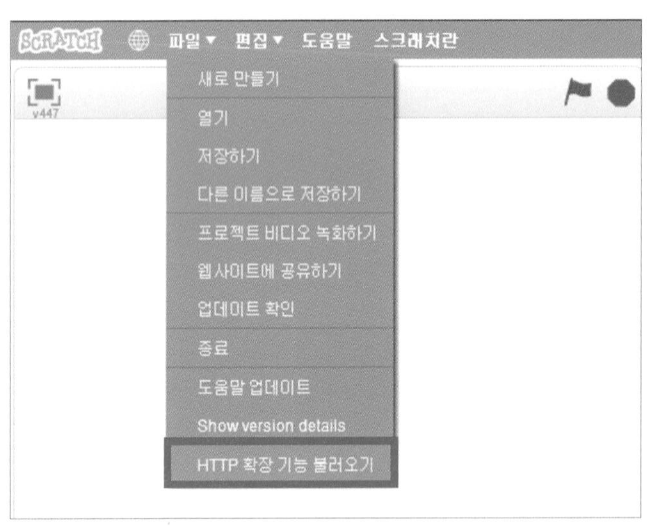

스크래치 확장 기능 메뉴 실행

그러면 열기 메뉴가 나타날 겁니다. 여기에서 아까 전에 다운 받은 "LeapMotion.json"파일을 선택하고 열기 버튼을 클릭합니다.

LeapMotion.json 파일

이제 아래 그림처럼 스크래치에서 립모션 전용 명령어 블록이 생깁니다.

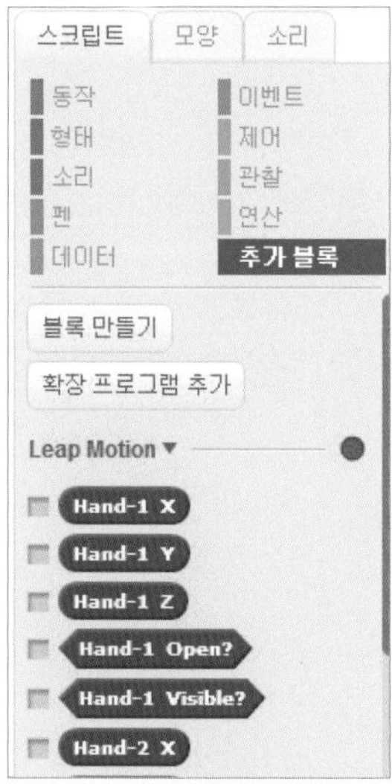

스크래치 립모션 명령어 블록

마지막으로 립모션 앱 홈으로 가서 다운 받은 스크래치 플러그인을 클릭하여 실행합니다. 이제부터 스크래치에서 립모션 명령어를 사용할 수 있는 환경설정이 완료되었습니다.

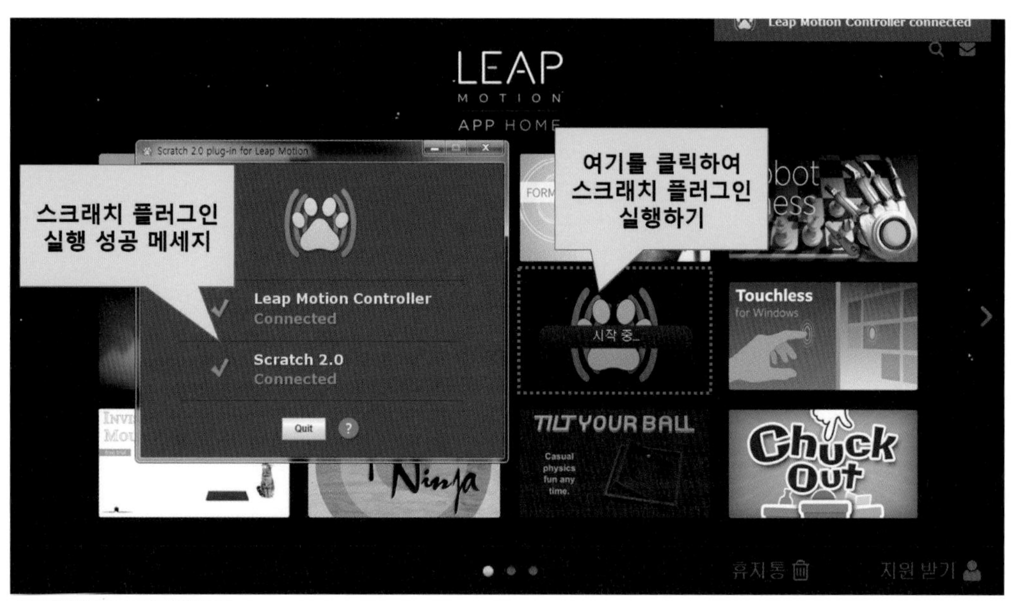

스크래치 플러그인 실행하기

아래 그림처럼 스크래치 추가블록에서 녹색 동그라미가 켜져 있으면 제대로 활성화가 된 겁니다.(빨간 동그라미는 스크래치 플러그인이 제대로 실행되지 않았음을 의미합니다.)

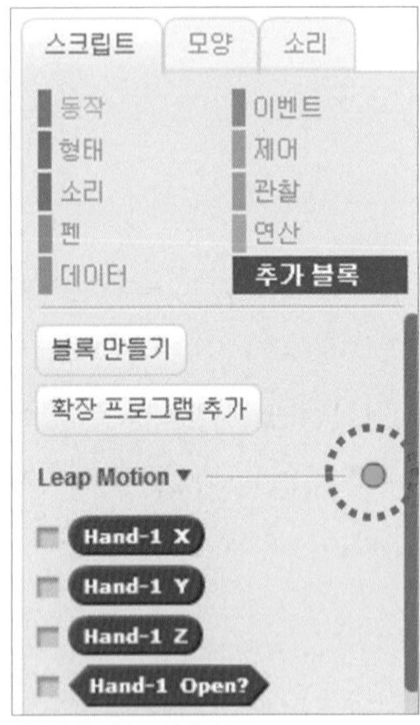

스크래치 립모션 활성화

참고로 립모션을 사용하기 위한 컴퓨터 최소 사양을 홈페이지에 있는 그대로 옮겨놨습니다. 혹시 립모션 작동이 잘 안되거나 느리다면 아래 컴퓨터 사양을 참고해 주세요.

The minimum system requirements are:

- Windows® 7+ or Mac® OS X 10.7+
- AMD Phenom™ II or Intel® Core™ i3/i5/i7 processor
- 2 GB RAM
- USB 2.0 port
- Internet connection

립모션을 작동시키기 위한 최소 사양

02 스크래치 립모션 설정 사항을 모두 마치셨다면 이제부터 립모션 명령어 블록을 하나씩 알아보겠습니다.

- Hand-1 : 립모션 위로 올린 첫 번째 손바닥
- Hand-2 : 립모션 위로 올린 두 번째 손바닥
- Finger-1 : 오른손 중에서 가장 왼쪽에 위치한 손가락(손바닥이 립모션을 향할 때)을 말하며, 손가락 번호(Finger-1의 숫자1)가 어느 손가락에 해당하는지는 아래 그림에 나와 있습니다.

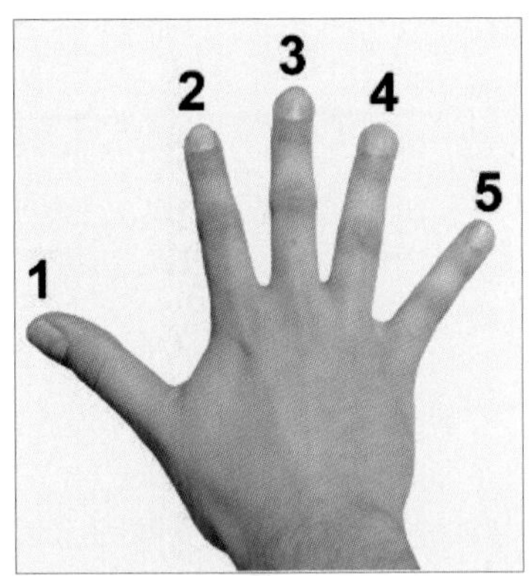

손가락(Finger) 번호(손가락을 다 폈을 경우)

립모션의 녹색 LED가 사람을 향하게 하여 X, Y, Z 좌표 방향이 어떻게 되는지는 아래 그림에 나와 있습니다.

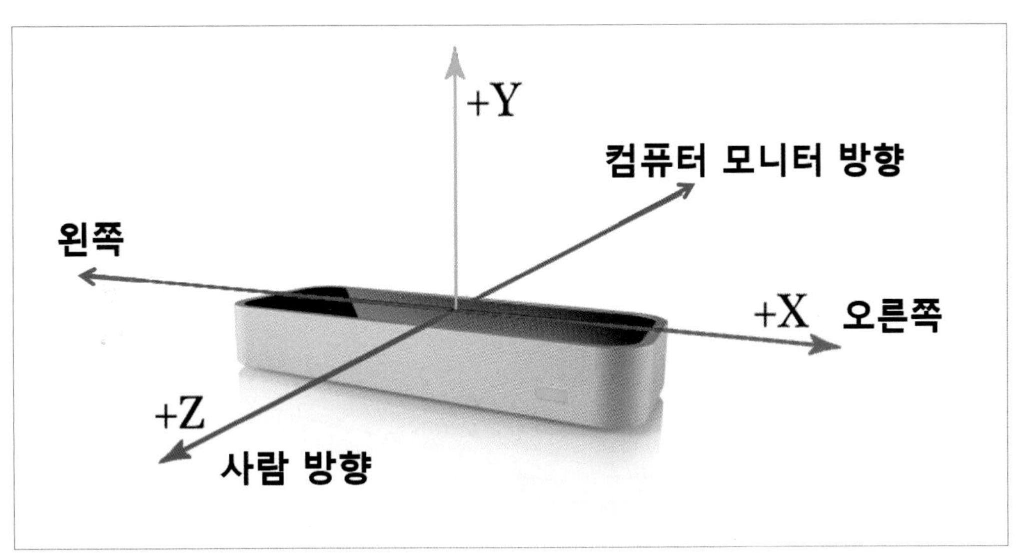

립모션의 X, Y, Z 좌표 방향

다음의 명령어는 오른쪽 손바닥이 립모션을 향하고 있을 때를 기준으로 합니다.

립모션 명령어 블록	설명
Hand-1 X Hand-1 Y Hand-1 Z	립모션 위로 올린 첫 번째 손바닥의 X, Y, Z 좌표값
Hand-1 Open?	손가락을 3개 이상 폈는지, 혹은 펴지 않았는지 알려주는 명령어(정확히는 손가락을 3개 이상 펴면 True, 아니면 False를 반환하는 명령어로써, 주로 주먹을 쥐었는지 손가락 다 폈는지를 판단하는 데에 사용함)
Hand-1 Visible?	립모션이 감지할 수 있는 범위 내에 손이 있는지 없는지 알려주는 명령어(있으면 True, 없으면 False)
Tool-Hand-1 X Tool-Hand-1 Y Tool-Hand-1 Z	손에 쥔 물건의 X, Y, Z 좌표값 (립모션이 감지 가능한 물건은 연필같이 가늘고 긴 물체여야 함.)
Tool-Hand-1 Visible?	손에 쥔 물건이 있는지 없는지 확인하는 명령어(있으면 True, 없으면 False)
Finger-1-Hand-1 X Finger-1-Hand-1 Y Finger-1-Hand-1 Z	손가락의 X, Y, Z 좌표값으로써, 손가락 번호(Finger-번호)가 작을수록 가장 왼쪽에 있는 손가락을 의미합니다.(오른손 기준)
Finger-1-Hand-1 Visible? Finger-2-Hand-1 Visible? Finger-3-Hand-1 Visible? Finger-4-Hand-1 Visible? Finger-5-Hand-1 Visible?	손가락이 펼쳐졌는지 확인하는 명령어(펼쳐지면 True, 접히면 False)로서 손가락 번호(Finger-번호)가 작을수록 가장 왼쪽에 있는 손가락을 의미합니다.(오른손 기준)

나머지 블록은 반대편 손을 의미하는 Hand-2로써 위에서 설명한 Hand-1 손과 똑같은 명령어 이므로 생략합니다.

립모션이 손을 감지하는 실제 범위값이 아래 그림에 나와 있습니다. 이 범위를 벗어난 손은 립모션이 감지하지 못하므로, 스크래치에서도 이상한 값으로 뜰 겁니다.

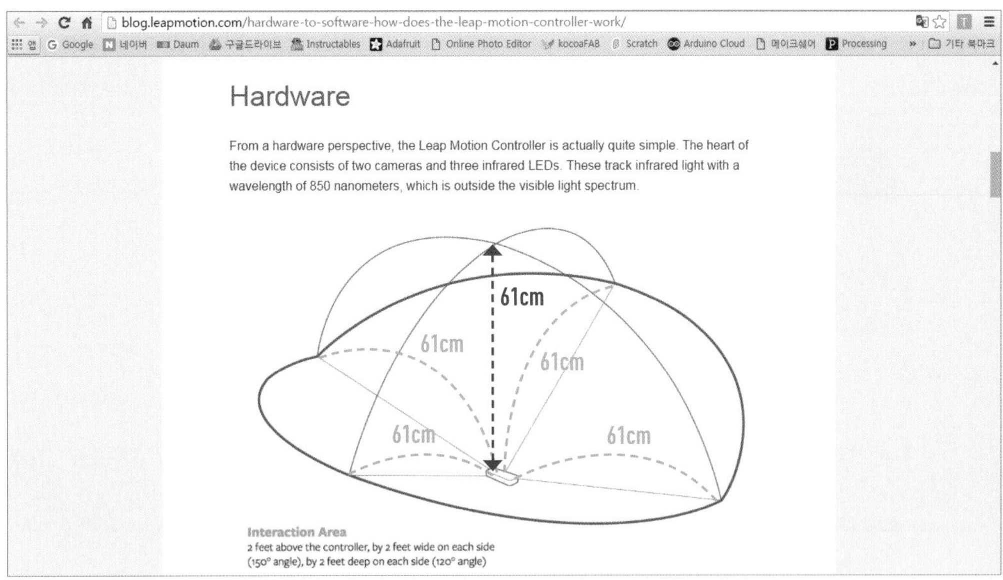

립모션이 손을 감지하는 실제 범위

03 지금까지 립모션의 명령어 블록을 이론적으로 살펴봤습니다. 이제부터는 명령어를 하나씩 사용해 간단한 가상공간 손동작 작품을 만들면서 립모션 명령어에 대한 이해도를 높여보겠습니다.

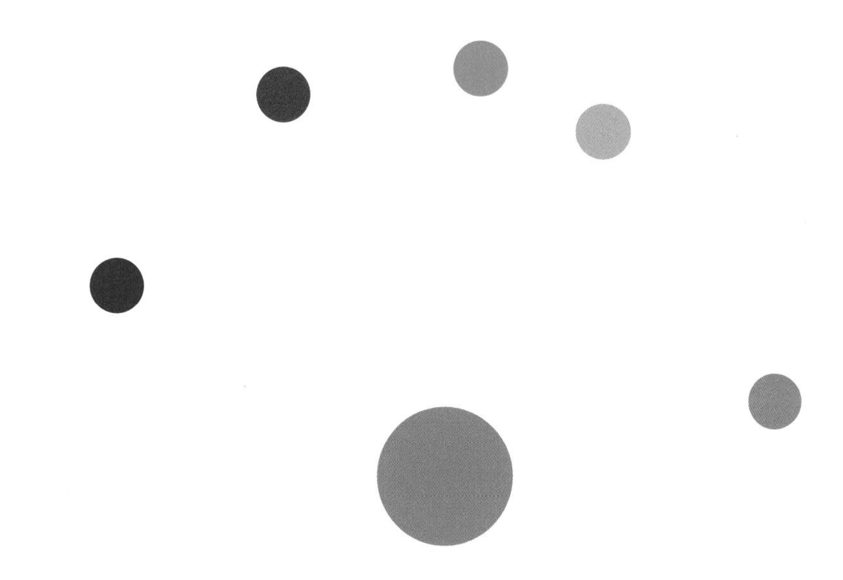
립모션 가상공간 손동작 작품

스크래치 오프라인 에디터 2.0, 스크래치 립모션 플러그인이 실행된 상태(01 이미지 참고)에서 시작하겠습니다. 가상공간 손동작 작품을 위해 필요한 스프라이트는 아래 그림처럼 직접 그려야 합니다. H1은 Hand 1의 약자로서, 손바닥 1번이라는 뜻입니다. F1H1은 Finger 1 Hand 1의 약자로서 손바닥 1의 손가락 1번이라는 뜻입니다.

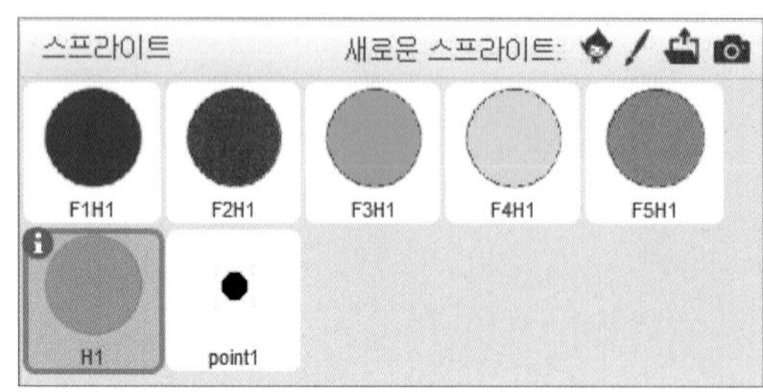

필요한 스프라이트

각 스프라이트는 크기가 다릅니다. H1 스프라이트는 손바닥, 아래 그림처럼 조금 큰 원으로 그립니다.

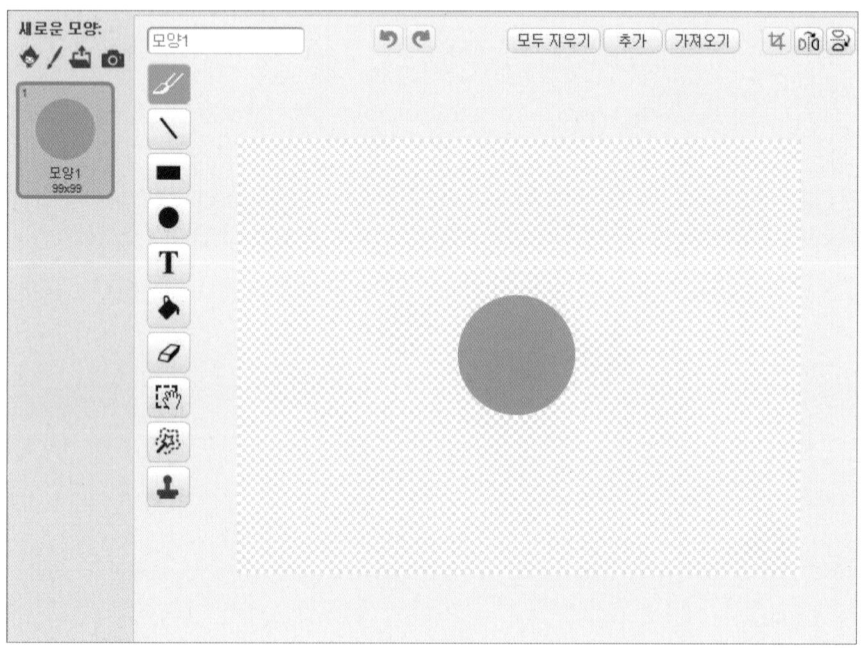

손바닥 H1 스프라이트 그림

F1H1은 손가락으로 H1 손바닥 스프라이트보다는 작게 그립니다. 아래에 그림이 나와 있습니다. F2H1 ~ F5H1도 F1H1과 같은 크기에 색깔만 다르게 그리면 됩니다.

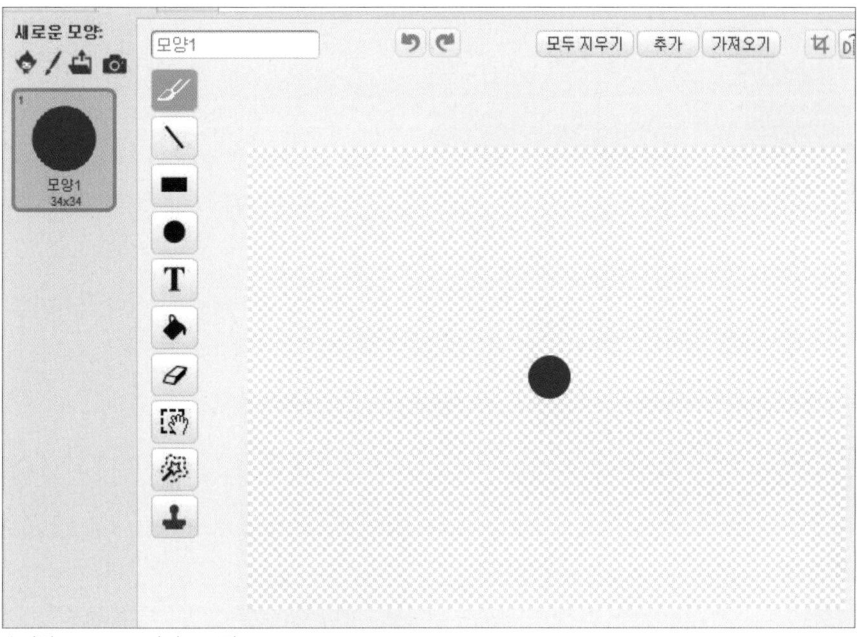

손가락 F1H1 스프라이트 그림

마지막 스프라이트로 검은색 점 Point1 스프라이트를 아래 그림처럼 그립니다. 이 스프라이트는 나중에 손바닥과 손가락 끝점을 이어주는 손가락 마디를 그리는 데에 사용될 겁니다. 아주 작은 크기로 점을 찍듯이 그리면 됩니다.

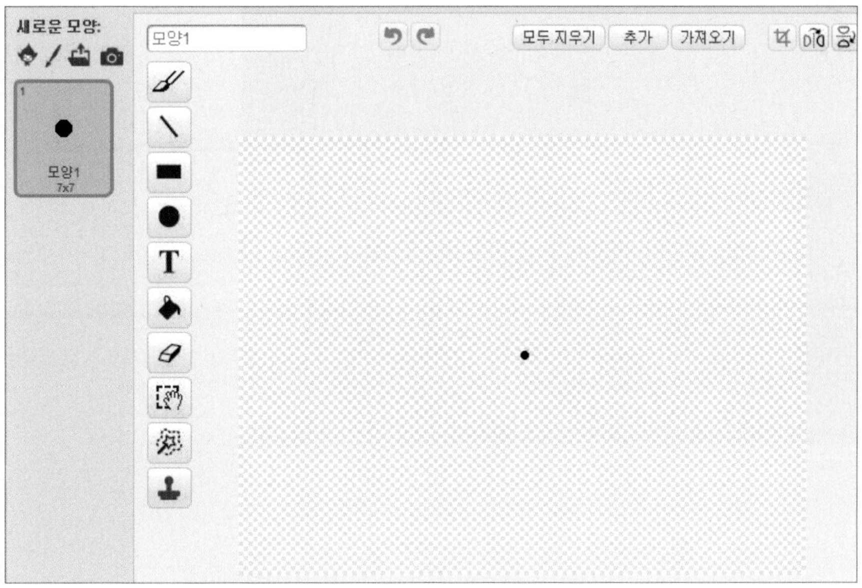

검은색 점 Point1 스프라이트 그림

04 손바닥 H1 스프라이트를 선택합니다. 손바닥 스프라이트가 실제 손을 따라오게 하려면 Hand-1 블록의 X, Y 좌표값을 H1 스프라이트와 일치시키면 됩니다. 아래 그림에 그 명령어가 나와 있습니다.

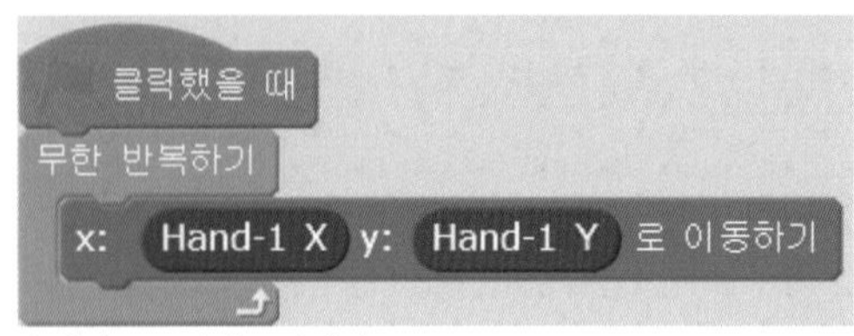

손바닥 스프라이트 명령어

명령어를 다 만들었다면 녹색 깃발을 누르고 립모션 위에 오른손을 올려보세요. H1 스프라이트가 손을 잘 따라 다니나요? 왼쪽, 오른쪽으로 움직이면서 손을 감지하는 범위를 직접 느껴보세요.

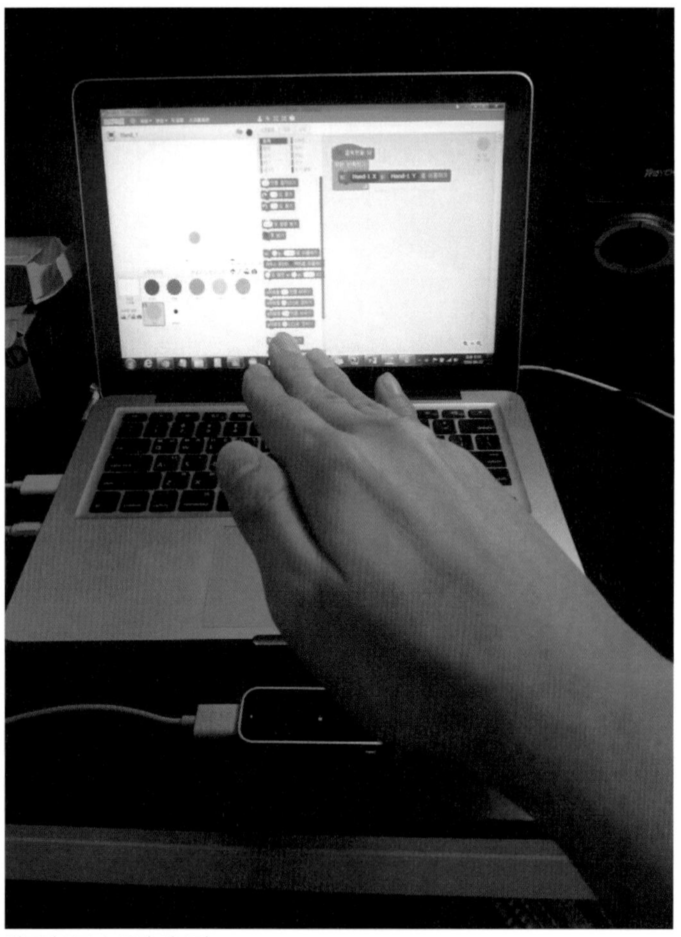
립모션으로 손 동작 해보기

이번에는 손가락 F1H1 스프라이트를 선택합니다. 손바닥과 마찬가지로 손가락 스프라이트도 Finger-Hand X, Y 좌표값 명령어 블록을 일치시켜주면 됩니다. 가장 먼저 F1H1 손가락 스프라이트에는 아래 그림처럼 손가락이 립모션에 감지되는지 확인(Finger-1-Hand-1 Visible?)을 하여, 감지되면 F1H1 스프라이트의 X, Y 좌표값에 실제 손가락의 위치값을 일치시켜 주고, 감지되지 않으면 F1H1 스프라이트가 보이지 않게 숨기기 명령을 만들어줍니다.

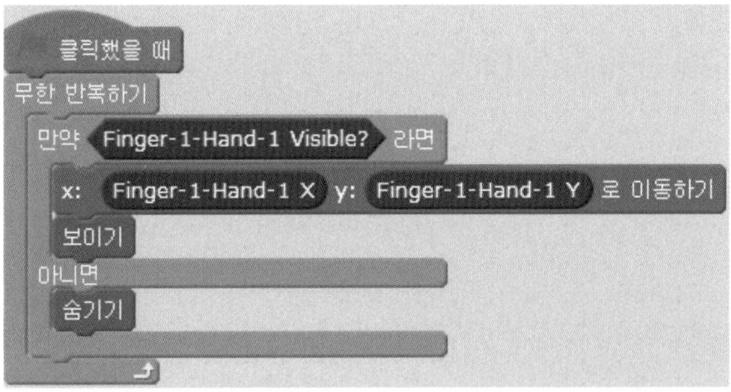

```
클릭했을 때
무한 반복하기
  만약 Finger-1-Hand-1 Visible? 라면
    x: Finger-1-Hand-1 X y: Finger-1-Hand-1 Y 로 이동하기
    보이기
  아니면
    숨기기
```

손가락 F1H1 스프라이트 명령어

나머지 손가락 F2H1, F3H1, F4H1, F5H1 스프라이트의 멍령어도 F1H1과 거의 같습니다. 아래 그림들을 참고해 주세요.

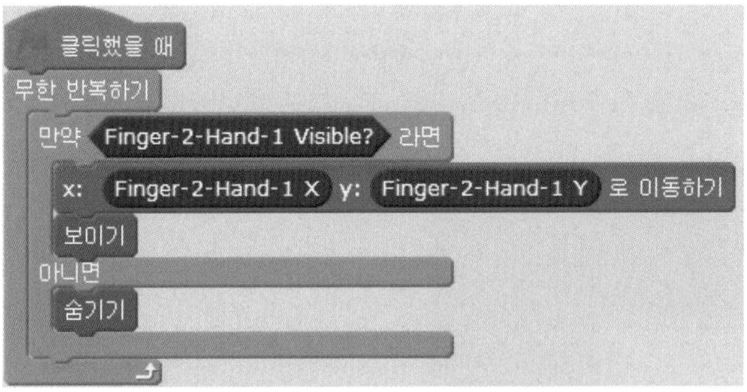

```
클릭했을 때
무한 반복하기
  만약 Finger-2-Hand-1 Visible? 라면
    x: Finger-2-Hand-1 X y: Finger-2-Hand-1 Y 로 이동하기
    보이기
  아니면
    숨기기
```

손가락 F2H1 스프라이트 명령어

```
클릭했을 때
무한 반복하기
  만약 Finger-3-Hand-1 Visible? 라면
    x: Finger-3-Hand-1 X y: Finger-3-Hand-1 Y 로 이동하기
    보이기
  아니면
    숨기기
```

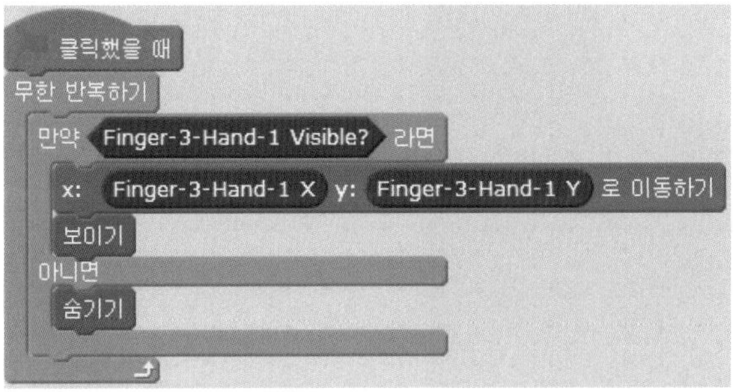

손가락 F3H1 스프라이트 명령어

```
클릭했을 때
무한 반복하기
  만약 <Finger-2-Hand-1 Visible?> 라면
    x: (Finger-2-Hand-1 X) y: (Finger-2-Hand-1 Y) 로 이동하기
    보이기
  아니면
    숨기기
```

손가락 F4H1 스프라이트 명령어

```
클릭했을 때
무한 반복하기
  만약 <Finger-3-Hand-1 Visible?> 라면
    x: (Finger-3-Hand-1 X) y: (Finger-3-Hand-1 Y) 로 이동하기
    보이기
  아니면
    숨기기
```

손가락 F5H1 스프라이트 명령어

이제 기본적인 가상공간 손동작 작품이 완성되었습니다. 녹색 깃발을 클릭해서 실행하면서 립모션 위에 오른손을 올려보세요. 주먹을 쥐었다 폈다 해보고, 손가락을 하나씩 펴보기도 해보세요.

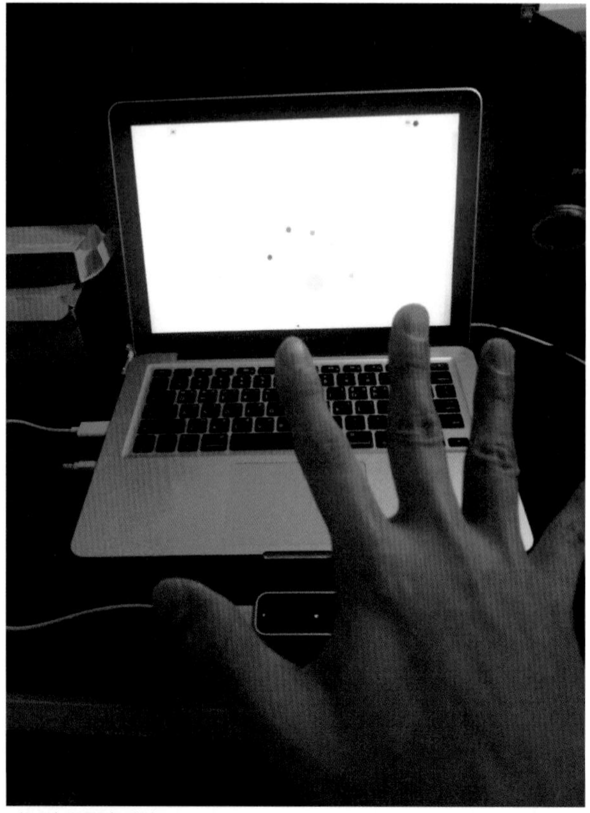

립모션 손동작 시현

05 이번 섹션의 끝으로, 가상공간 손동작 작품에 손가락 마디를 추가해 아래 그림처럼 작품을 만들어 보겠습니다.

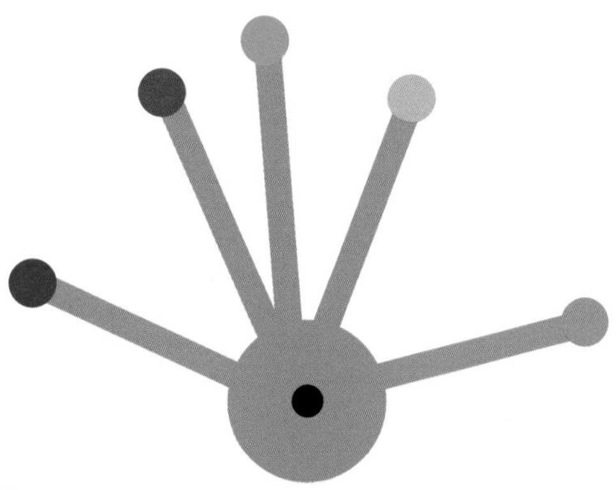

립모션 가상공간 손동작 작품

손가락 마디를 표현하기 위해서 마디를 직접 그린 스프라이트를 갖다 붙일 수도 있지만, 여기에서는 검은색 점 Point1 스프라이트로 펜 그리기를 하여서 손가락 마디를 만들어 보겠습니다. 손가락 마디를 펜 그리기로 그리는 방법입니다. 먼저 Point1 스프라이트를 계속 손바닥 H1 스프라이트를 따라다니게 합니다. 그러다가 펜 내리기 명령을 실행한 다음 손가락 끝을 의미하는 F1H1으로 Point1 스프라이트를 옮겼다가 다시 H1 스프라이트로 돌아오게 만듭니다. 그러면 손바닥 중심에서 F1H1 손가락 끝 스프라이트로 손가락 마디가 하나 그려집니다. 이해가 잘 안 되시면 아래 그림을 참고하세요.

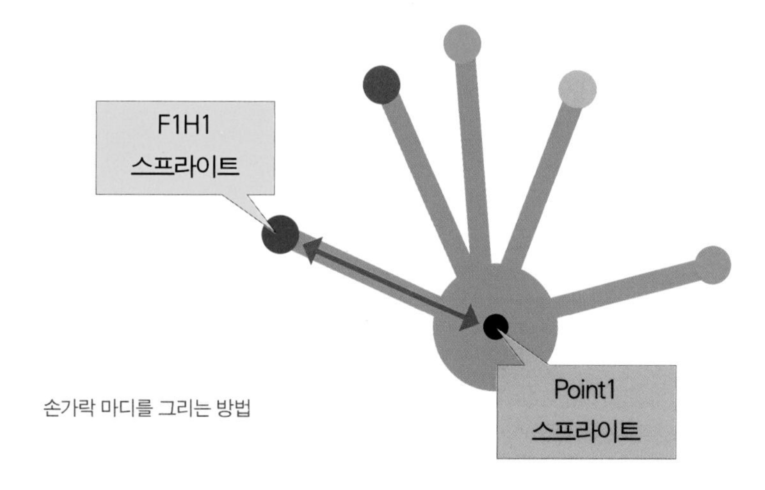

손가락 마디를 그리는 방법

이런 방식으로 F2H1, F3H1, F4H1, F5H1으로 Point1 스프라이트를 움직이면 다섯 개의 손가락 마디가 그려집니다. 이 과정에 대한 명령어가 아래 그림에 나와 있습니다.

❶ 은 검은색 점 Point1 스프라이트가 H1 손바닥 스프라이트의 중심을 따라가는 명령어입니다. 그리고 펜 내리기를 하여 펜이 그려지게 한 뒤,

❷ F1H1 ~ F5H1을 왔다 갔다 하면서 손가락 마디를 그립니다.

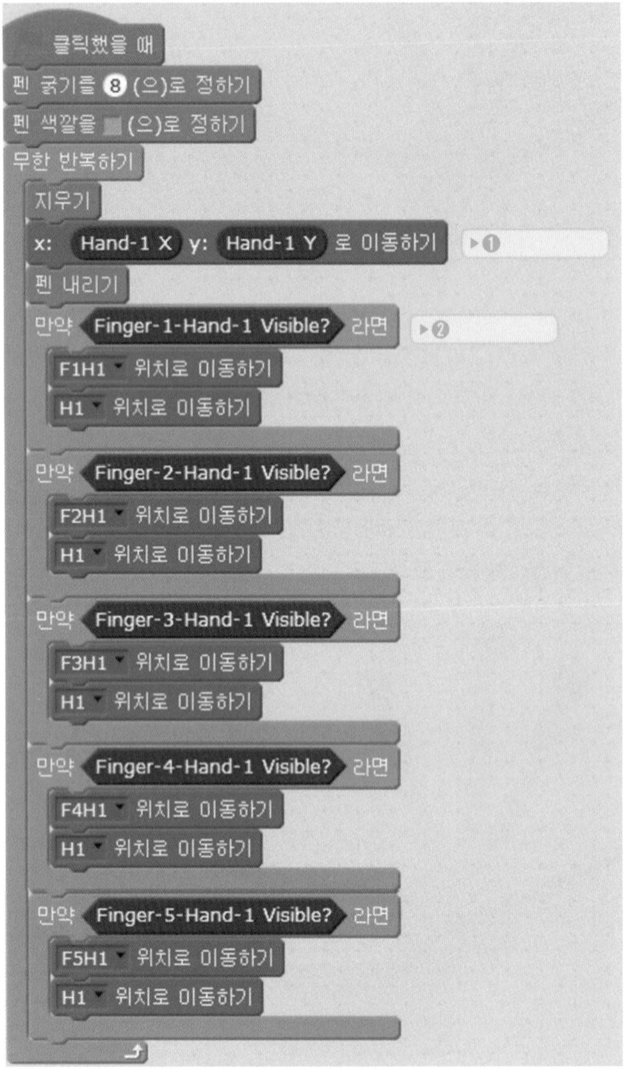

```
클릭했을 때
펜 굵기를 8 (으)로 정하기
펜 색깔을 ■ (으)로 정하기
무한 반복하기
    지우기
    x: Hand-1 X y: Hand-1 Y 로 이동하기    ▸❶
    펜 내리기
    만약 Finger-1-Hand-1 Visible? 라면    ▸❷
        F1H1 위치로 이동하기
        H1 위치로 이동하기
    만약 Finger-2-Hand-1 Visible? 라면
        F2H1 위치로 이동하기
        H1 위치로 이동하기
    만약 Finger-3-Hand-1 Visible? 라면
        F3H1 위치로 이동하기
        H1 위치로 이동하기
    만약 Finger-4-Hand-1 Visible? 라면
        F4H1 위치로 이동하기
        H1 위치로 이동하기
    만약 Finger-5-Hand-1 Visible? 라면
        F5H1 위치로 이동하기
        H1 위치로 이동하기
```

손가락 마디를 만드는 Point1 스프라이트 명령어

이제 손가락 마디까지 표현된 가상공간 손동작 작품이 완성되었습니다. 녹색 깃발을 클릭해서 립모션 위에 한 손을 올리고 움직여 보세요. 손가락 마디가 잘 표현되는지 손가락도 조금씩 움직여 보세요.

여기까지 립모션 환경설정 및 기초 명령어를 익히는 시간을 가졌습니다. 다음 섹션부터는 본격적으로 립모션을 활용한 응용 작품을 만들어 보겠습니다.

립모션과 스크래치 프로젝트 I

(악기 연주, 손가락 펜, 공 던지기)

UNIT 1

립모션 프로젝트 I
(악기 연주, 손가락 펜, 공 던지기 작품)

이번 섹션에서는 립모션으로 여러 가지 작품을 만들어 보겠습니다. 립모션 프로젝트 1에서는 쉬운 작품을 만들고, 다음번 섹션인 립모션 프로젝트 2에서 좀 더 어려운 작품을 만들어 보려고 합니다.

01 프로젝트 1에서 만들 첫 번째 작품은 앞서 섹션 12에서 만든 가상공간 손동작 작품을 이용하여 타악기를 치는 작품입니다. 아래에 작품의 모습이 나와 있습니다.

손으로 타악기 연주하기

타악기를 손으로 치는 작품을 본격적으로 만들어 봅시다. 앞에서 만든 가상공간 손동작 작품을 그대로 불러옵니다. 거기에서 아래 그림처럼 드럼 3개와 심벌즈 스프라이트 1개를 추가해 줍니다.

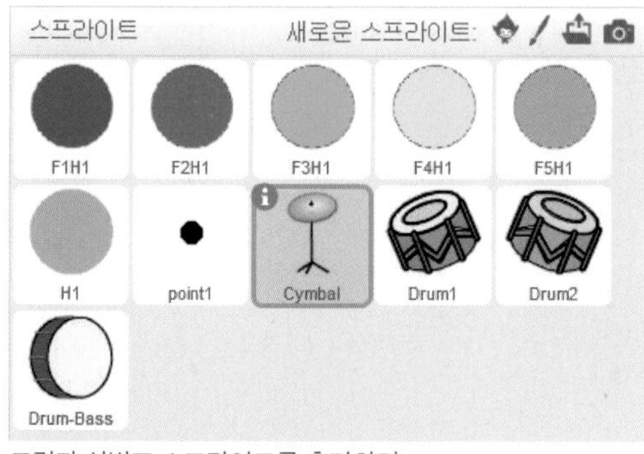

드럼과 심벌즈 스프라이트를 추가하기

첫 번째로 Cymbal 스프라이트를 선택합니다. 심벌즈를 손으로 만지면 심벌즈의 모양이 바뀌면서 "bell cymbal"소리가 나오게 만듭니다. 타악기에 손이 닿았는지 여부는 손바닥 H1 스프라이트의 색깔에 닿았는지로 판단해 줍니다. 그리고 마지막 부분에 타악기에서 손을 뗄 때까지 기다리기 명령어를 넣어줘야 마치 손으로 북을 치는 듯한 효과를 만들어 낼 수 있습니다.

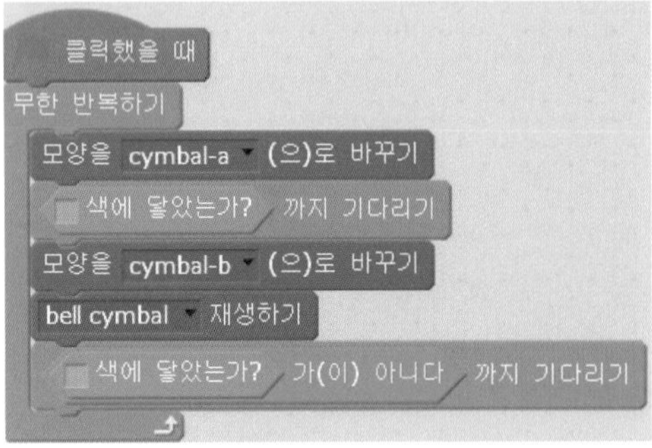

```
클릭했을 때
무한 반복하기
  모양을 cymbal-a (으)로 바꾸기
  색에 닿았는가? 까지 기다리기
  모양을 cymbal-b (으)로 바꾸기
  bell cymbal 재생하기
  색에 닿았는가? 가(이) 아니다 까지 기다리기
```

Cymbal 스프라이트 명령어

다음으로 Drum-Bass 스프라이트를 선택합니다. Cymbal과 마찬가지로 모양 바꾸기, 소리내기, H1 스프라이트 색깔에 닿았는가? 명령어를 이용하면 됩니다.

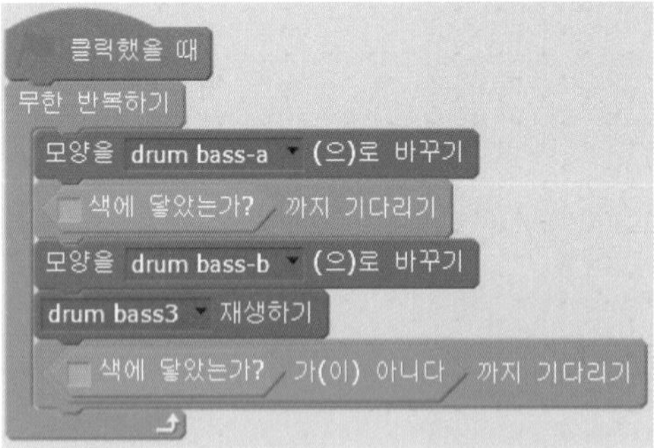

```
클릭했을 때
무한 반복하기
  모양을 drum bass-a (으)로 바꾸기
  색에 닿았는가? 까지 기다리기
  모양을 drum bass-b (으)로 바꾸기
  drum bass3 재생하기
  색에 닿았는가? 가(이) 아니다 까지 기다리기
```

Drum-Bass 스프라이트 명령어

Drum1 스프라이트는 그림이 1개만 있기 때문에 모양 바꾸기가 안 됩니다. 그래서 손에 닿으면 15도 돌기를 해서 마치 손으로 칠 때 드럼이 조금 움직이는 것 같은 효과를 만들겠습니다. 그 외에 드럼 소리를 내고 H1 스프라이트 색깔에 닿기 효과를 적용하는 것은 똑같습니다.

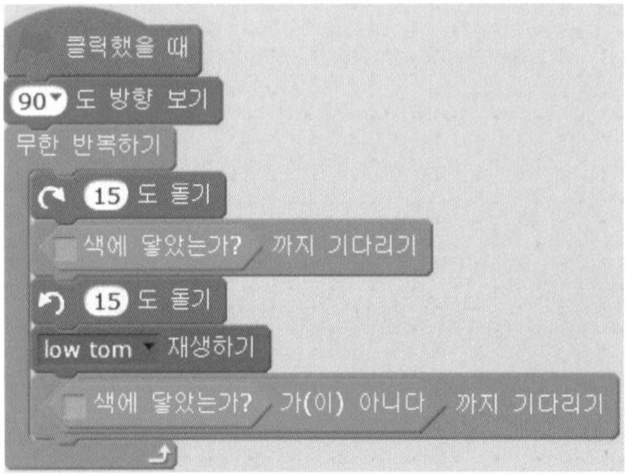

```
클릭했을 때
90 도 방향 보기
무한 반복하기
  15 도 돌기
  색에 닿았는가? 까지 기다리기
  15 도 돌기
  low tom 재생하기
  색에 닿았는가? 가(이) 아니다 까지 기다리기
```

Drum1 스프라이트 명령어

Drum2 스프라이트는 Drum1 스프라이트와 소리 재생 부분만 제외하고 명령어가 똑같습니다.

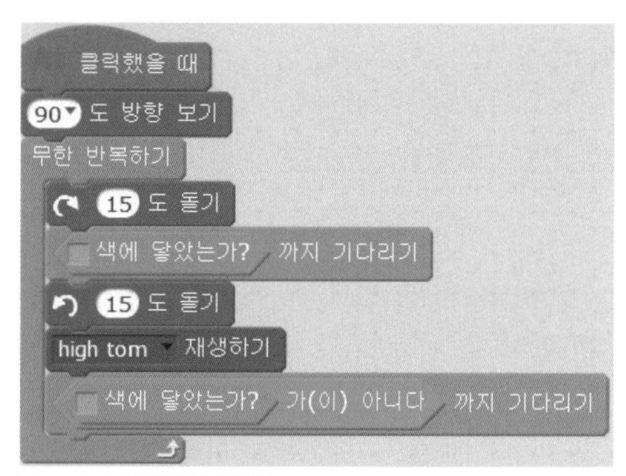

Drum2 스프라이트 명령어

이제 손으로 타악기를 치는 작품이 모두 완성되었습니다. 녹색 깃발을 클릭하고 립모션 위에 한쪽 손을 올린 다음, 스크래치 화면에 있는 가상공간의 손으로 북과 심벌즈 악기를 쳐봅시다. 재밌는 연주를 해보는 것도 좋을 것 같습니다.

02 이번 섹션에서 두 번째로 만들 작품은 손가락으로 펜 그리기입니다. 아래에 나와 있는 것처럼, 립모션 위에 손가락 하나를 올려서 마치 펜으로 그리듯이 손가락을 움직이면 스크래치 화면에서 선이 그어지는 작품입니다.

손 가락 펜 그리기 작품

이 작품을 만들기 위해 필요한 스프라이트는 검은색 점 스프라이트입니다.

검은색 점 스프라이트

검은색 점 스프라이트는 아래 그림처럼 작게 그리면 됩니다.

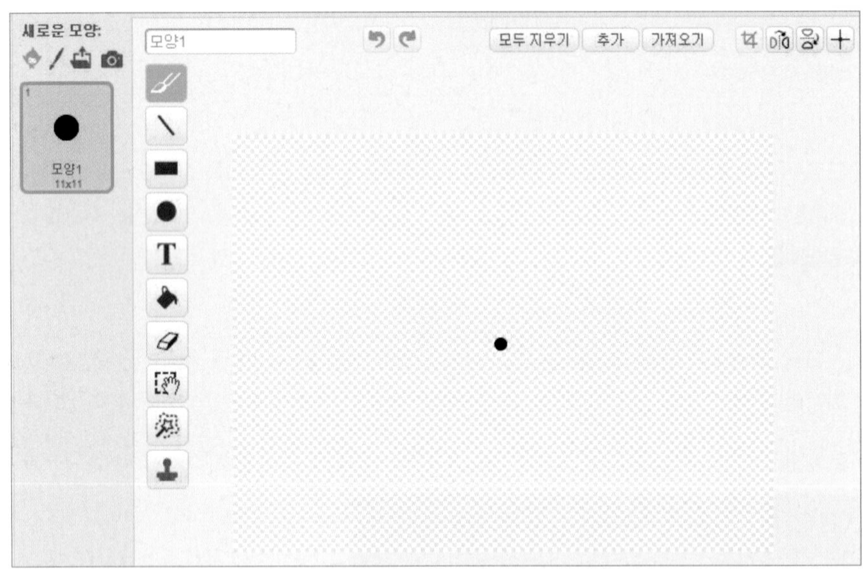

검은색 점 스프라이트 그리기

여기서 립모션의 Z 방향에 대해 짚고 넘어가겠습니다. 아래에서 보이듯이, 립모션 명령어에서 Z 좌표값은 립모션 바로 위쪽이 0입니다. 컴퓨터 모니터 쪽으로 갈수록 마이너스(-) 이고 사람 방향으로 손을 움직이면 Z값이 플러스(+)가 됩니다.

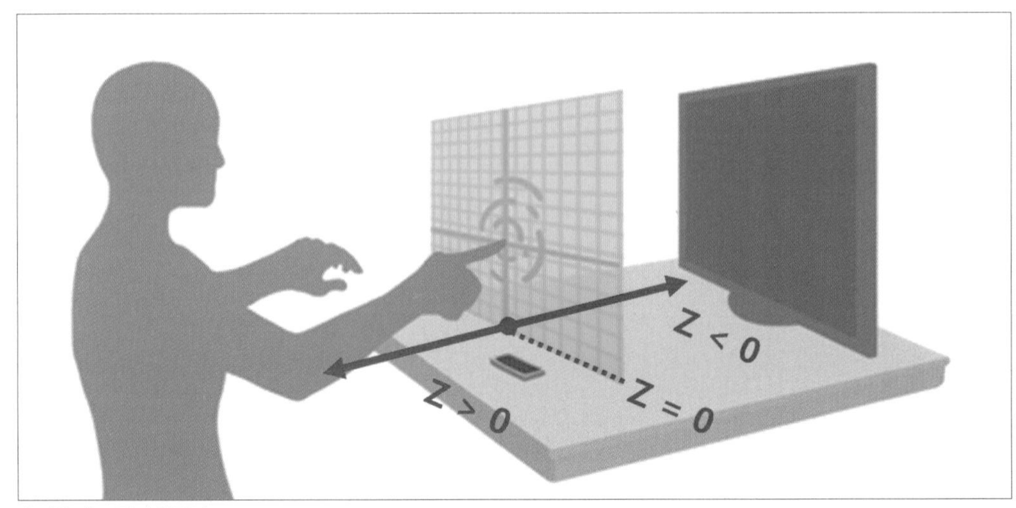

손가락 펜 그리기 명령어

스크래치의 립모션 명령어 중에서 Finger-1-Hand-1 Z 명령어 앞에 v체크를 클릭해 보면 스크래치 화면에 Z값이 숫자로 뜹니다. 손가락을 립모션 위에서 앞뒤로 움직여 보면 Z값이 0, +, - 값으로 변할 겁니다.

Finger-1-Hand-1 Z

손가락 하나의 Z값 블럭

이제 본격적으로 명령어를 만들어 봅시다. 녹색 깃발이 클릭되면 이전에 그렸던 것은 모두 지우기 명령을 내려 줍니다. 그리고 손가락이 립모션에 감지되는지를 판단합니다.

❶ 그리고 검은색 점 스프라이트가 항상 손가락(Finger-1)을 따라다니도록 해주고,

❷ Finger-1-Hand-1 Z ←30보다 작으면 펜을 내려서 펜 그리기가 작동되도록 해줍니다.

❸ 손가락이 컴퓨터 모니터 방향으로 가까이 가면 Z값이 음수가 되는데, 기준을 -30 정도로 정해봤습니다. 만약 손가락이 사람 몸 방향으로 가까이 가면 Z값이 -30보다 커지므로 펜이 그려지지 않습니다. 그려지지 않게 하는 기능은 펜을 그리지 않고 손가락 위치를 옮기고 싶을 때 사용하면 됩니다.

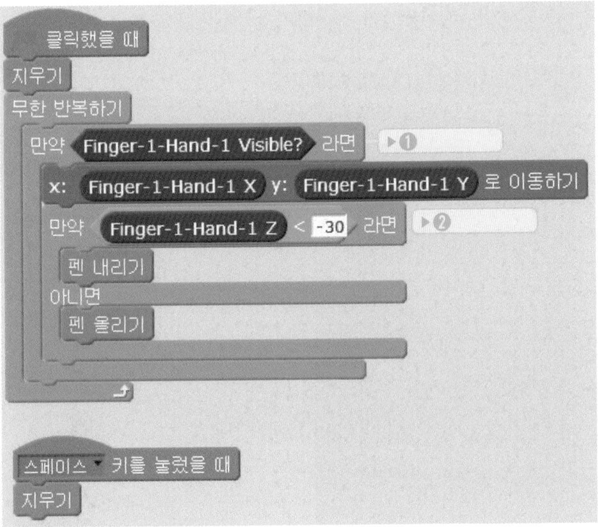

클릭했을 때
지우기
무한 반복하기
만약 Finger-1-Hand-1 Visible? 라면 ❶
x: Finger-1-Hand-1 X y: Finger-1-Hand-1 Y 로 이동하기
만약 Finger-1-Hand-1 Z < -30 라면 ❷
펜 내리기
아니면
펜 올리기

스페이스 키를 눌렀을 때
지우기

손가락 펜 그리기 명령어

이제 두 번째 작품이 완성되었습니다. 녹색 깃발을 클릭하고 립모션 위에 손가락 하나를 올려서 펜 그리기를 실행해 봅시다. 손가락이 컴퓨터 모니터에 가까우면(Z ← 30) 펜이 그려지고 멀어지면 안 그려지는 것에 주의하면서, 아래처럼 영어 글자를 써 보는 것도 재밌을 겁니다.

Leap Motion: Finger-1-Hand-1 Z -22

손가락으로 쓴 hello 글자

03 세 번째로 만들어 볼 작품은 손바닥으로 공 던지기 게임입니다. 립모션 위에서 주먹을 쥐고 있다가 손을 쫙 펴면 아래 그림처럼 가상공간의 손에서 검은색 공이 날아가 하늘에 있는 풍선을 맞추는 게임입니다.

손으로 공 던지기 게임

작동 방법에 대한 이해를 돕기 위해 실제로 동작시킨 사진이 아래에 나와 있습니다.

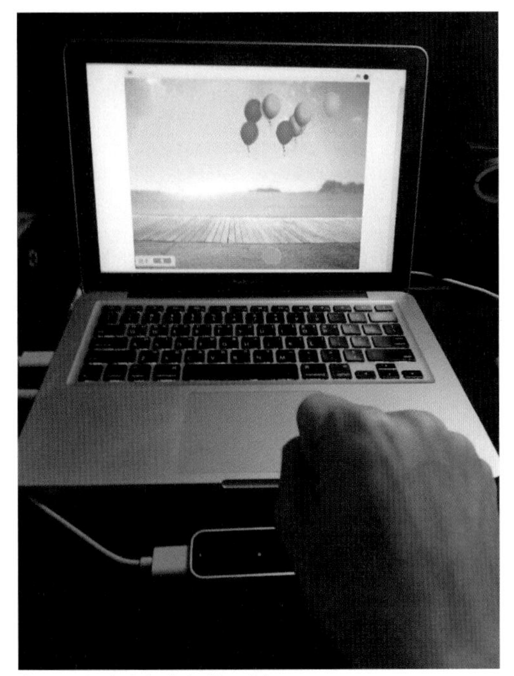

손으로 공 던지기 게임 하는 방법

이 게임을 만들기 위해 필요한 스프라이트는 아래 그림과 같습니다. 무대 배경은 스크래치에 있는 "boardwalk"이고, 가상공간의 손 역할을 할 hand1 스프라이트는 직접 그리고, 풍선은 스크래치에 있는 Balloon1 스프라이트를 가져오고, 공 역할을 할 point 스프라이트는 직접 그렸습니다.

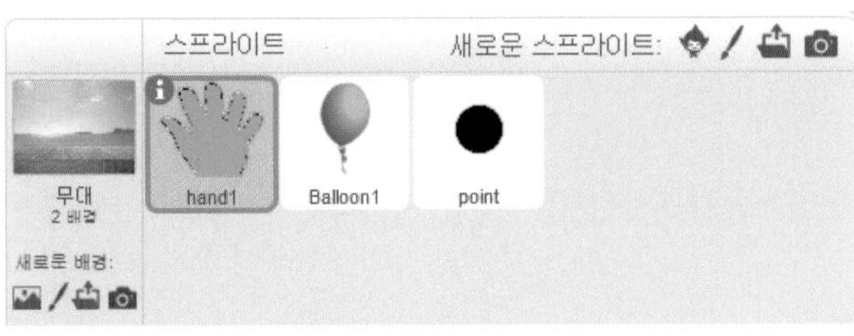

필요한 스프라이트

가상공간의 손 역할을 할 hand1 스프라이트는 아래 왼쪽 메뉴처럼 손을 쫙 펼친 것과 주먹을 쥔 두 개의 그림이 필요합니다.

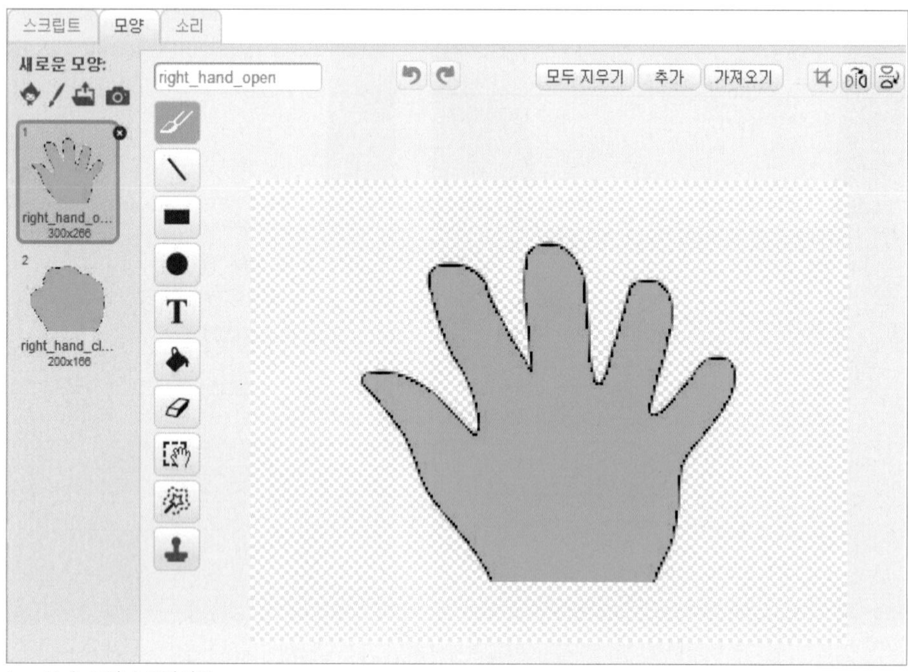

hand1 손 모양 스프라이트

Balloon1 스프라이트는 스크래치에 원래 있는 것으로서, 아래 그림처럼 원래 3가지 색깔의 모양을 가지고 있습니다. 이 3가지 모양을 모두 다 사용하도록 하겠습니다.

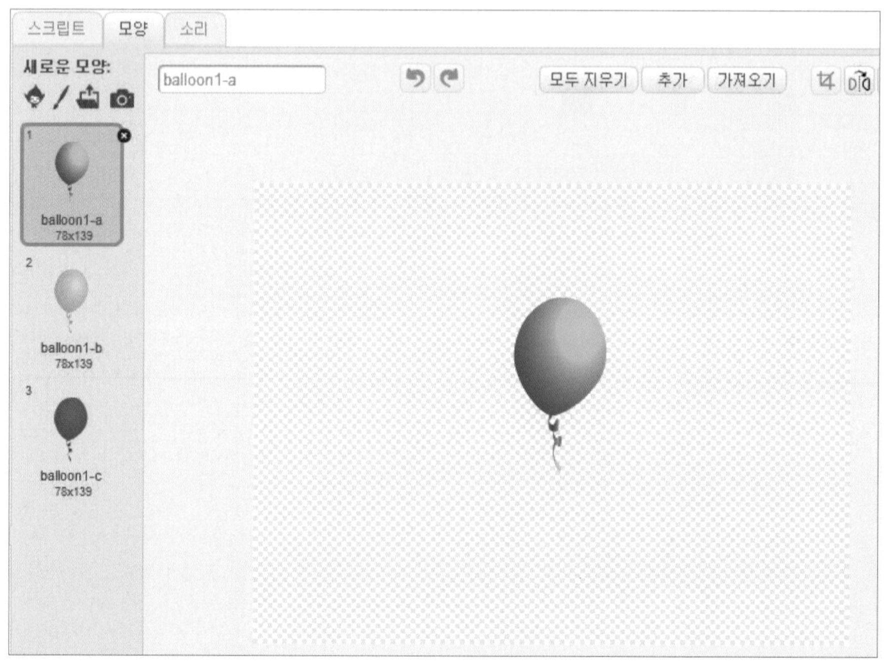

Balloon1 풍선 스프라이트 모양

point 공 스프라이트는 아래 그림에서 보이는 정도의 크기로 그리면 됩니다.

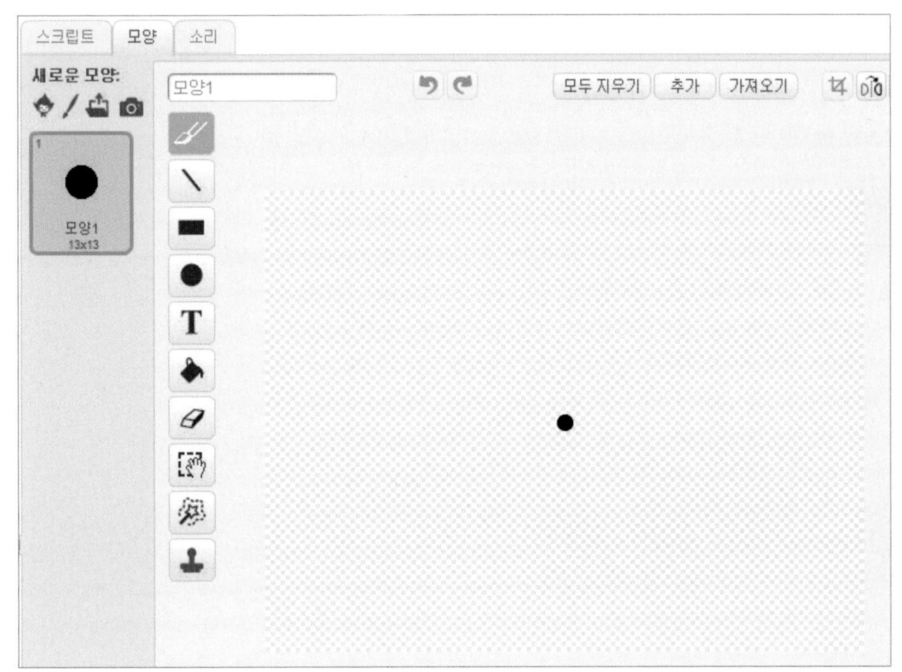

손바닥 스프라이트 명령어

Balloon11 풍선 스프라이트부터 명령어를 만들어 보겠습니다. 풍선은 하늘에서 하나씩 복제되면서 좌우 무작위로 움직이게 만들려고 합니다.

❶ 먼저 풍선 스프라이트를 복제합니다.

❷ 복제된 풍선을 좌우 무작위로 움직이다가 일정 시간 후에(1 ~ 5초) 복제본이 사라지게 만듭니다.(하늘을 너무 많은 수의 복제 풍선으로 채울 수는 없습니다.)

❸ 복제된 풍선이 검은색 공 스프라이트(point)에 맞으면 점수 변수를 1 증가시키고 소리를 발생 시킨 뒤 복제된 풍선을 삭제합니다.

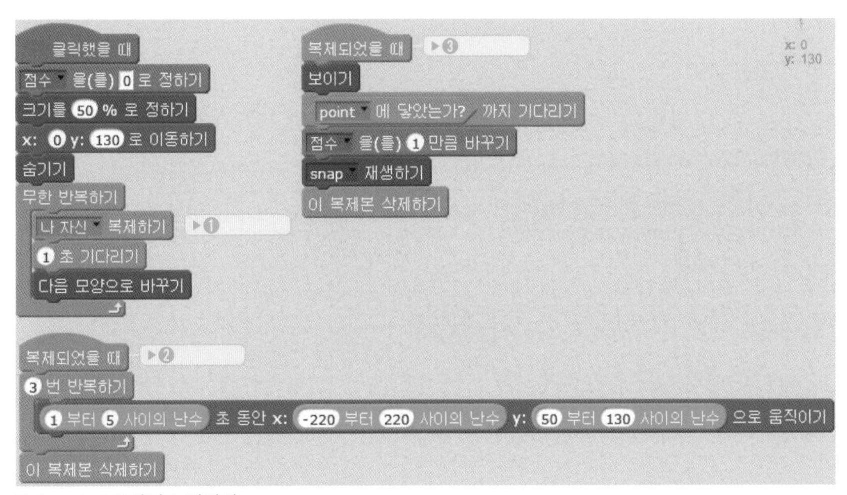

Balloon1 스프라이트 명령어

이번에는 hand1 손 모양 스프라이트의 명령을 만들어 보겠습니다. 립모션 위에 손을 쫙 펴면 hand1 스프라이트의 모양도 쫙 편 모양이 되고, 주먹을 쥐면 hand1 스프라이트의 모양도 주먹 쥔 모양이 되게끔 만들려고 합니다. 립모션에서 실제로 주먹을 쥐었는지 폈는지를 알려주는 명령어는 "Hand-1 Open?" 입니다. 그래서 "Hand-1 Open?"이 True인지 False인지에 따라 손 모양을 바꿔주면 됩니다. 그리고 hand1 스프라이트는 좌우로만 움직이게 할 것이므로 X 좌표만 Hand-1 X에 일치시켜주면 됩니다.

```
클릭했을 때
크기를 20 % 로 정하기
x: -100 y: -150 로 이동하기
무한 반복하기
  만약 Hand-1 Visible? 라면
    보이기
    맨 앞으로 순서 바꾸기
    x좌표를 Hand-1 X (으)로 정하기
    만약 Hand-1 Open? 라면
      모양을 right_hand_open (으)로 바꾸기
    아니면
      모양을 right_hand_closed (으)로 바꾸기
  아니면
    숨기기
```

hand1 스프라이트 명령어

point 공 스프라이트는 hand1 손 모양 스프라이트를 계속 따라다니다가 립모션 위에서 주먹 쥔 손을 쫙 펴면 point 공 스프라이트 풍선 방향으로 발사되게 만들려고 합니다. 그래서 point 스프라이트가 hand1 스프라이트를 계속 따라 다니게 하다가 ❶, 주먹을 쥔 상태(hand-1 open?이 아니다) ❹를 거치게 되면 변수 "상태 = 1"이 되므로 공이 발사될 준비가 완료됩니다. 이 상태에서 손을 쫙 펴면 ❷ 부분이 실행되어 검은색 공이 발사됩니다 ❸.

```
클릭했을 때
숨기기
상태 을(를) 0 로 정하기
무한 반복하기
  Hand-1 Visible? 까지 기다리기
  hand1 위치로 이동하기                                   ▸❶
  만약 Hand-1 Open? 그리고 상태 = 1 라면                  ▸❷
    상태 을(를) 0 로 정하기
    보이기
    0.5 초 동안 x: x좌표 of hand1 y: 170 으로 움직이기    ▸❸
    숨기기
  만약 Hand-1 Open? 가(이) 아니다 그리고 상태 = 0 라면    ▸❹
    숨기기
    상태 을(를) 1 로 정하기
```

hand1 스프라이트 명령어

이제 세 번째 공 던지기 작품이 모두 완성 되었습니다. 녹색 깃발을 클릭하고, 립모션 위에서 주먹을 쥐었다가 펴보세요. 손을 좌우로 움직이면서 공이 날아가는 방향을 잘 정해 주어야 풍선을 터트릴 수 있습니다. 작동 방법은 **03** 항목을 참고하시면 됩니다.

립모션 프로젝트 2

(새총 쏘기, 쓰레기 분리수거, 손가락 총 쏘기)

UNIT 1

립모션 프로젝트 2

(새총 쏘기, 쓰레기 분리수거, 손가락 총 쏘기)

앞 섹션의 립모션 작품 만들기에 이어, 이번 섹션에서는 좀 더 난이도가 높은 립모션 작품 3개를 만들어 보도록 하겠습니다. 작품 이름은 새총 쏘기, 쓰레기 분리수거, 손가락 총 쏘기가 되겠습니다.

01 이번 섹션에서 첫 번째 작품은 새총으로 풍선 터뜨리기입니다. 풍선을 터뜨리는 부분은 앞서 배운 Section 13에서 그대로 가져와 사용하기로 하고, 새총을 손으로 작동시키는 부분을 스크래치로 만들어 보겠습니다. 아래에 작동 모습이 나와 있습니다.

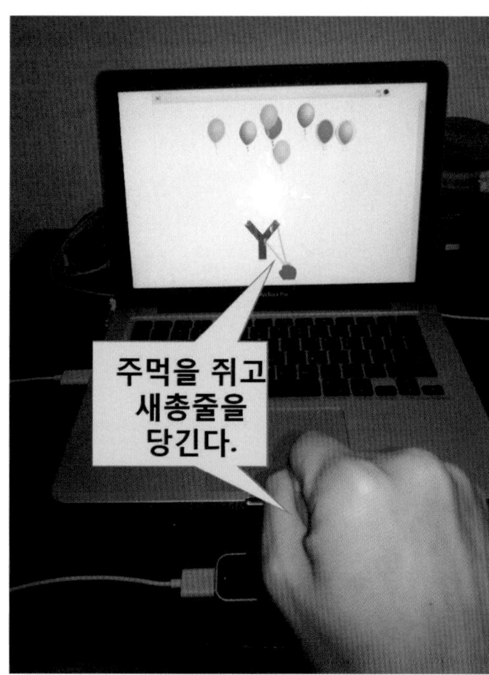

새총으로 풍선 터뜨리기

가장 중요하고 어려운 부분은 새총의 고무줄 부분을 손으로 잡아당겨서 공이 발사되게 하는 것입니다. 저와 함께 차근차근히 만들어 보도록 합시다.

필요한 스프라이트는 다음과 같습니다. 각 스프라이트를 차례대로 만들어 봅시다.
(스프라이트 이름 : 손, 새총, left_point, right_point, 줄, Ball, Balloon1)

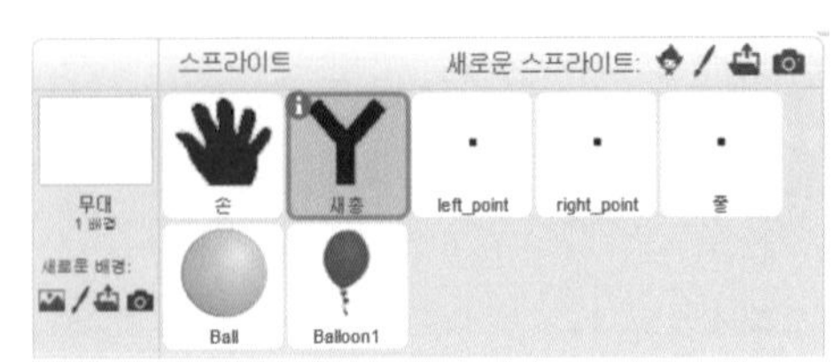

새총 쏘기 작품의 스프라이트

손 스프라이트는 "hand_open", "hand_closed" 두 개의 모양을 가지고 있습니다.

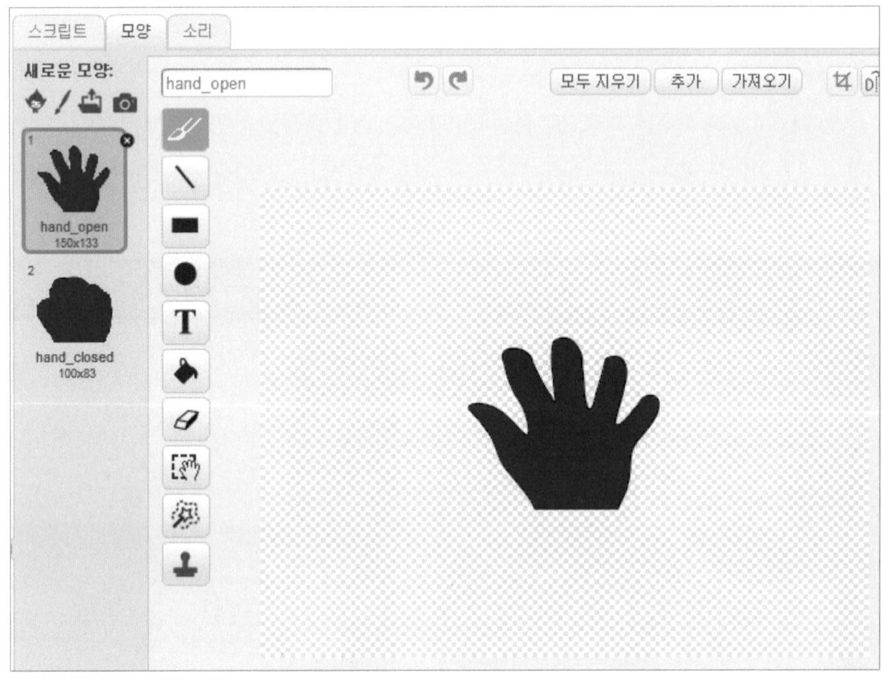

손 스프라이트의 2가지 모양

손 모양 스프라이트는 립모션 위에서 사람의 손을 계속 따라 다니다가 주먹을 쥐면 hand_closed 모양으로 변하고, 손을 펴면 hand_open 모양으로 변하게 명령을 주면 됩니다. 아래 그림에 그 명령어가 나와 있습니다.

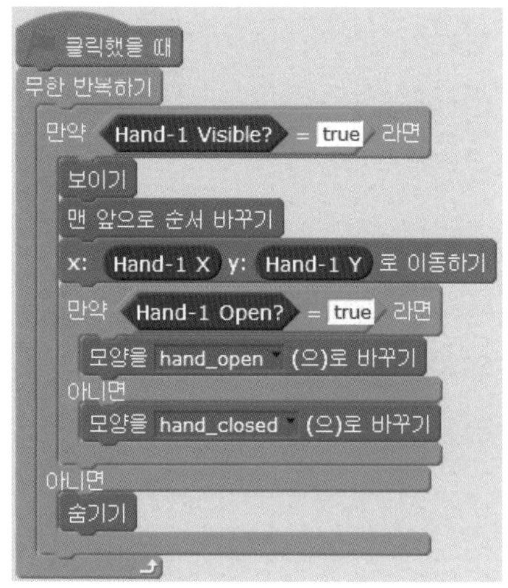

Drum1 스프라이트 명령어

이번에는 새총 스프라이트입니다. 아래 그림에 새총의 모양이 나와 있습니다. 새총의 모양은 직접 그렸습니다. 그리고 새총 모양의 중심을 아래처럼 해주는 것이 중요합니다. 나중에 고무줄을 표현할 때와 공이 날아가는 방향을 정할 때 매우 중요한 기준 역할을 하기 때문입니다.

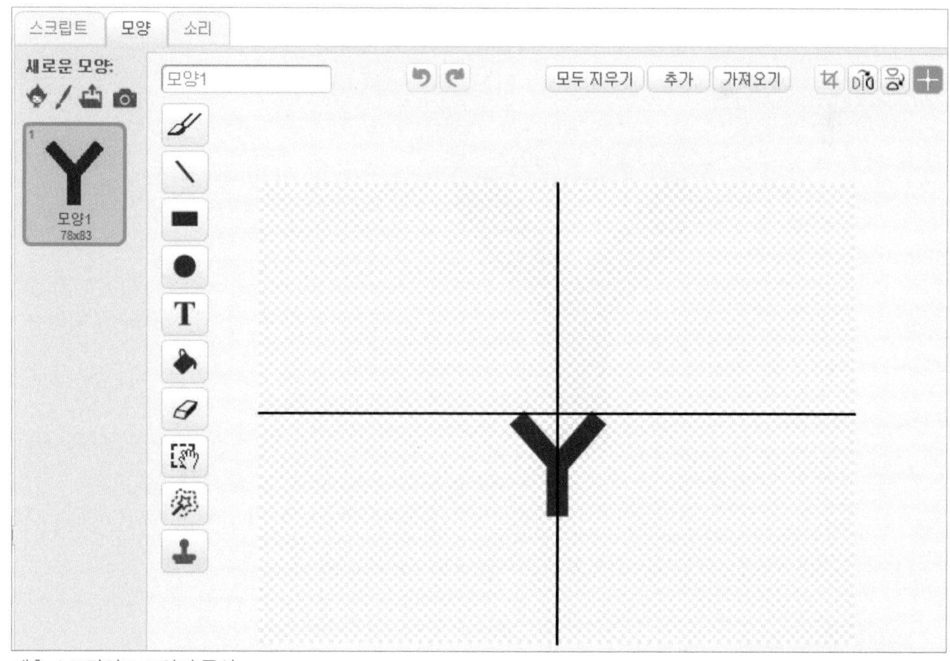

새총 스프라이트 모양의 중심

새총은 화면 가운데 아래에 고정시켜 놓고, 손으로 새총의 고무줄을 잡아당기려는 의도가 있는지 없는지를 판단해주는 역할을 합니다. 그 의도가 있으면 "새총잡음" 변수가 1이 되고, 없으면 0이 되게 하겠습니다. 손 스프라이트가 새총 스프라이트까지 가까이 오고(거리가 20미만), 동시에 주먹을 쥐었다면(모양이 hand_closed) 고무줄을 잡아당길 의도가 있다고 보는 것입니다.

```
클릭했을 때
x: -20 y: -50 로 이동하기
새총잡음 을(를) 0 로 정하기
무한 반복하기
  만약 < (손 까지 거리) < 20 > 그리고 < (모양 이름 of 손) = hand_closed > 라면
    새총잡음 을(를) 1 로 정하기
  아니면
    새총잡음 을(를) 0 로 정하기
```

새총 스프라이트 명령어

이번에는 새총의 고무줄을 표현할 left_point, right_point, 줄 스프라이트입니다. 이 3개의 스프라이트는 갈색의 점을 찍은(아주 작게) 스프라이트입니다. 아래 그림처럼, left_point 스프라이트는 새총의 모양 중심(빨간색 점)에서 왼쪽으로 30(−30)만큼의 거리에 위치하게 만들고, right_point 스프라이트는 새총의 모양 중심(빨간색 점)에서 오른쪽으로 30(+30)만큼의 거리에 위치시킵니다. 그렇게 한 다음에, 줄 스프라이트(갈색 점)가 left_point와 right_point를 왔다 갔다 하면서 선을 그으면(펜 내리기) 고무줄 같은 것이 그려집니다. 이 고무줄이 손을 따라 움직이게 만들면, 손으로 고무줄을 뒤로 잡아당기는 효과도 만들 수 있게 됩니다.

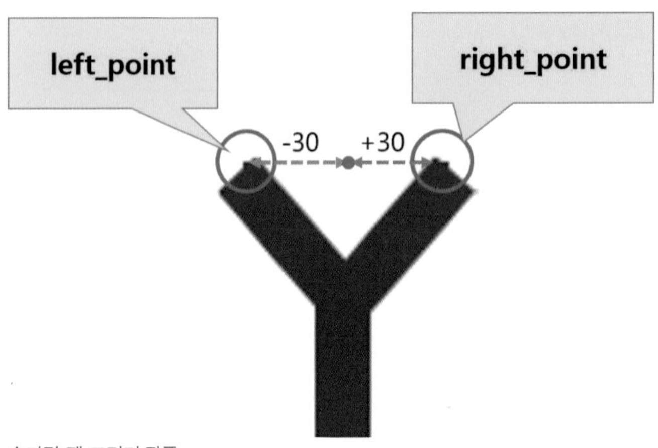

손가락 펜 그리기 작품

위에서 설명한 left_point 스프라이트의 위치 명령어가 아래에 나와 있습니다.

```
클릭했을 때
무한 반복하기
  x: (x좌표 of 새총) - 30 y: (y좌표 of 새총) 로 이동하기
```

검은색 점 스프라이트

right_point 스프라이트의 위치 명령어는 아래에 나와 있습니다.

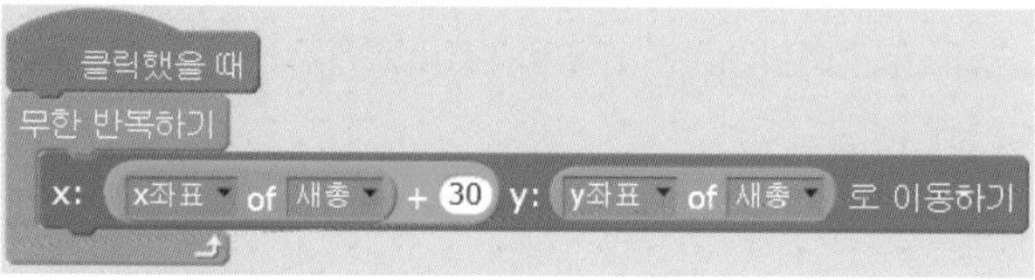

```
클릭했을 때
무한 반복하기
  x: (x좌표 of 새총) + 30 y: (y좌표 of 새총) 로 이동하기
```

검은색 점 스프라이트 그리기

left_point, right_point 스프라이트를 잘 위치시켰다면, 이제 고무줄을 표현하기 위해서 줄 스프라이트를 선택합니다. 고무줄을 표현해내는 기본 원리는 "손가락 펜 그리기 작품"에서 설명한 것처럼 줄 스프라이트가 left_point, right_point로 왔다 갔다 움직이며 선을 긋는 것입니다.

① 그렇게 하기 위해 펜 색깔, 굵기, 펜 내리기 명령을 실행합니다.

② 그리고 변수 "공속도 = 0"이어야지 실행 되게 해줍니다.

③ 공이 발사되어 움직이고 있는 중에 다시 손으로 고무줄을 잡아당기는 것을 방지하기 위해서입니다. 공속도 = 0 인 것은 공이 멈춰 있고 발사될 준비가 되었다는 뜻도 되겠습니다. 그리고 손 스프라이트가 새총을 잡아서 변수 "새총잡음 = 1"이 되고 주먹을 쥔 의미인 "Hand-1 Open? 이 아니다"가 참이 되면, 손으로 고무줄을 잡은 것으로 판단합니다.

④ 그 이후에 손을 다시 펼 때까지 줄 스프라이트는 left_point, right_point, Ball 위치로 이동하면서 펜 내리기로 선을 그립니다.

⑤ 그렇게 하면 고무줄이 공과 함께 움직이는 모습이 자연스럽게 만들어집니다. 손으로 고무줄을 잡아 당기는 것이 아닌, 평소 상태에서는 고무줄이 새총에 일직선으로 그어진 형태로 그려지게 만듭니다.

일직선으로 그어지게 하는 방법은 줄 스프라이트가 Ball 스프라이트로는 가지 않고 left_point, right_point 두 개의 위치로만 이동하게 하면서 펜 그리기를 하면 됩니다.

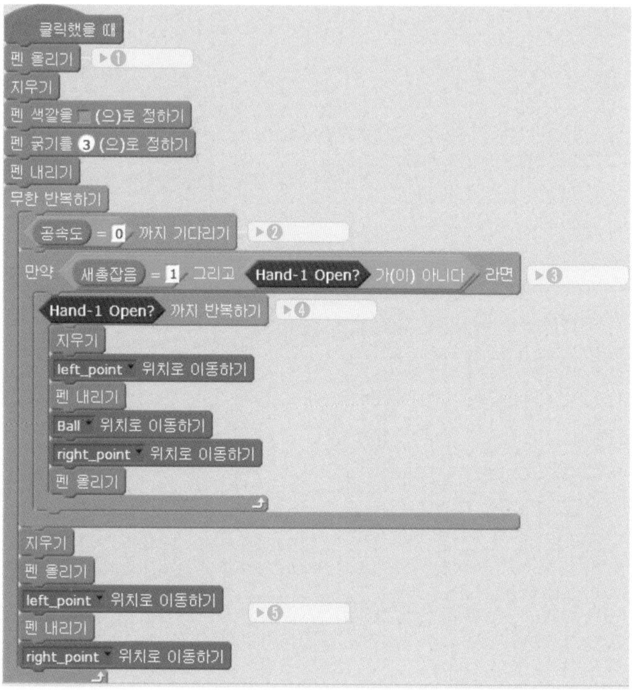

```
클릭했을 때
펜 올리기                                   ▶①
지우기
펜 색깔을 ■ (으)로 정하기
펜 굵기를 3 (으)로 정하기
펜 내리기
무한 반복하기
  (공속도) = 0 까지 기다리기                ▶②
  만약 (새총잡음) = 1 그리고 <Hand-1 Open?> 가(이) 아니다 라면   ▶③
    <Hand-1 Open?> 까지 반복하기           ▶④
      지우기
      left_point 위치로 이동하기
      펜 내리기
      Ball 위치로 이동하기
      right_point 위치로 이동하기
      펜 올리기
  지우기
  펜 올리기
  left_point 위치로 이동하기               ▶⑤
  펜 내리기
  right_point 위치로 이동하기
```

줄 스프라이트 명령어

❶ 이번에는 Ball 스프라이트를 선택합니다. Ball 스프라이트는 스크래치에 원래 있는 것으로 가져옵니다. 크기를 50% 정도로 정하고 공속도 변수를 평소에는 0으로 정합니다.
❷ 그리고 주먹을 쥐고(Hand-1 Opne? 아니다) 새총잡음 변수가 1이면 손으로 고무줄을 잡아당긴 의도이므로 Ball 스프라이트가 보이게 만듭니다.
❸ 손을 다시 펼쳐서 공이 발사되기 전까지(Hand-1 Open 까지 반복하기) Ball이 손 위치로 이동하게 만들고 고무줄을 잡아당긴 거리만큼(Ball과 새총까지의 거리로 계산)에 비례하여 공속도 값을 계산해 줍니다.
❹ 손을 펼치게 되면(공을 발사시키는 의도) 공이 발사될 방향을 정합니다.
❺ 그리고 공속도가 너무 느리지 않게 3으로 최소 속도를 정해주고,
❻ 공이 벽에 닿을 때까지 정해진 공속도로 움직이게 만들어 줍니다.
❼ 공이 벽에 닿으면 공 모양을 숨기고 계속 손을 따라 다니게 합니다.

```
클릭했을 때
크기를 50 % 로 정하기                                   ▶❶
무한 반복하기
  공속도 을(를) 0 로 정하기
  만약 <Hand-1 Open? 가(이) 아니다> 그리고 <새총잡음 = 1> 라면   ▶❷
    보이기
    Hand-1 Open? 까지 반복하기                          ▶❸
      손 위치로 이동하기
      공속도 을(를) (새총 까지 거리 / 5 반올림) 로 정하기
    새총 쪽 보기                                        ▶❹
    만약 공속도 < 3 라면                                ▶❺
      공속도 을(를) 3 로 정하기
    벽 에 닿았는가? 까지 반복하기                       ▶❻
      공속도 만큼 움직이기
    숨기기
  손 위치로 이동하기                                    ▶❼
```

Ball 스프라이트 명령어

공으로 맞출 풍선 Balloon1 스프라이트의 명령어는 Section 13에서 만든 것과 똑같기 때문에 여기에서는 설명을 생략하겠습니다. 그 명령어는 아래 그림에 나와 있습니다.

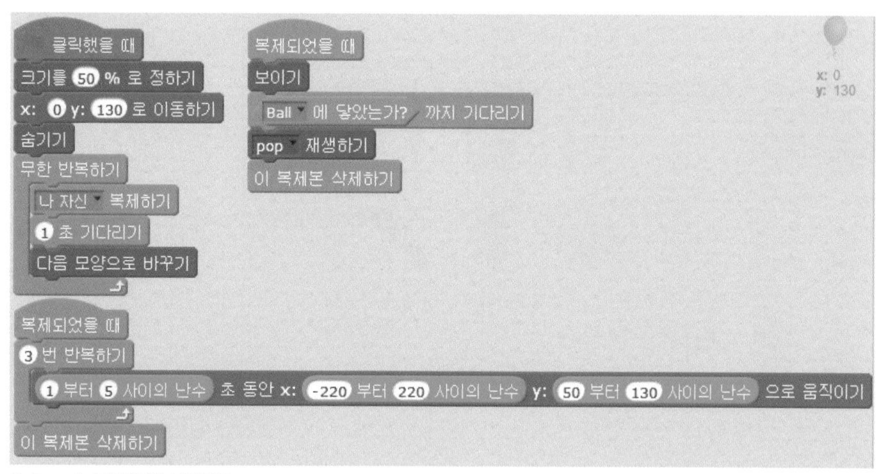

Balloon1 스프라이트 명령어

이제 새총 쏘기 작품의 모든 명령어가 완성되었습니다. 녹색 깃발을 클릭하고 립모션 위에 한 손을 올려서 고무줄을 잡아 당겨 보세요. 그리고 그림처럼 공으로 풍선을 맞춰 보세요. 그리고 고무줄을 잡아당긴 길이에 따라 공의 속도가 달라지는지 확인해 보세요.

02 이번 작품은 쓰레기 분리수거입니다. 스크래치 화면에 나타나는 쓰레기를 손으로 직접 옮겨서 분리수거를 하는 것입니다. 아래 그림에 작동 방법이 나와 있습니다.

쓰레기 분리수거 작품 작동 모습

이번에 필요한 스프라이트는 아래 그림처럼 좀 많습니다. 각종 쓰레기와 분리수거할 쓰레기통, 손 모양, 메시지가 필요합니다.(이 모든 이미지 파일은 저자의 블로그http://blog.naver.com/wootekken에서 다운받을 수 있습니다. 또는 저자 이메일 wootekken@naver.com으로 연락주세요.)

쓰레기 분리수거 작품에 필요한 스프라이트

가장 먼저 무대 배경을 brick wall2로 정합니다.

무대 배경 brick wall2

그리고 hand 스프라이트의 모양을 아래 그림처럼 손을 편 것과 주먹 쥔 것으로 설정해 줍니다.

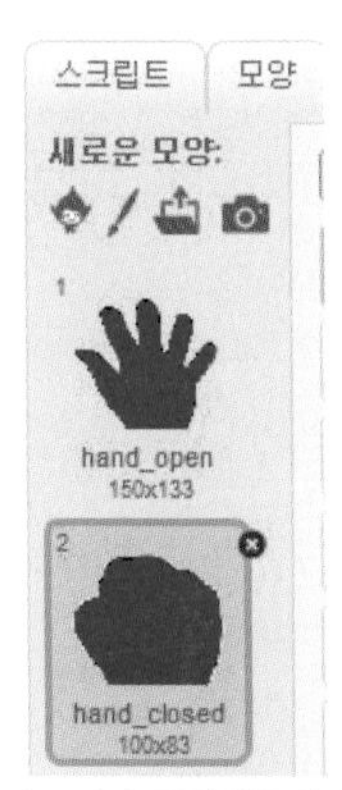

hand 스프라이트의 2가지 모양

hand스프라이트를 선택하고, 립모션 위에서 손을 편 것과 주먹 쥔 상태를 스크래치 화면에서 나타내기 위해 아래 그림처럼 명령어를 만듭니다. 이 명령어는 Section 13에서 똑같이 있는 것이므로 설명을 생략하겠습니다.

```
클릭했을 때
무한 반복하기
  만약 <Hand-1 Visible? = true> 라면
    보이기
    맨 앞으로 순서 바꾸기
    x: (Hand-1 X) y: (Hand-1 Y) 로 이동하기
    만약 <Hand-1 Open?> 라면
      모양을 hand_open (으)로 바꾸기
    아니면
      모양을 hand_closed (으)로 바꾸기
  아니면
    숨기기
```

hand 스프라이트의 명령어

이제 쓰레기통 스프라이트를 선택합니다. 쓰레기통 스프라이트는 총 4가지로 이름이 각각 trash_bottle_can(병/캔), trash_normal(일반), trash_plastic(플라스틱), trash_paper(종이)입니다. 4개의 쓰레기통 스프라이트는 쓰레기가 통에 담기는 효과가 나타나게 하기 위해 쓰레기 통 모양을 가장 앞쪽으로 내세우는 명령어를 만들어 주어야 합니다. 그래서 그 명령어는 아래 그림과 같고, 4개의 쓰레기통 스프라이트가 모두 동일한 명령어입니다.

쓰레기통 스프라이트 명령어

이번에는 쓰레기를 손으로 집어서 쓰레기통에 넣는 명령어를 만들어 봅시다. 병 모양의 glass_bottle 스프라이트를 선택하세요.

❶ 먼저 glass_bottle의 시작 위치를 정해줍니다.

❷ 그리고 립모션 위의 손을 움직여서 hand 스프라이트가 glass_bottle에 닿고 주먹을 쥐면(손으로 쓰레기를 잡으면) glass_bottle이 손을 계속 따라오게 만듭니다.

❸ 그렇게 손으로 쥔 쓰레기 glass_bottle이 분리수거 쓰레기통 trash_bottle_can에 제대로 버려지면

❹ "팝"소리를 내고 쓰레기가 쓰레기통 안 적절한 곳에 배치되게 만들고 "다음쓰레기1 방송하기"를 실행하여 다음 번 쓰레기 스프라이트가 등장하게 합니다.

❺ glass_bottle이 trash_bottle_can 쓰레기통 외의 다른 쓰레기통에 버려지면 경고음 "rattle"이 나게 만들고 쓰레기가 버려지지 않게 합니다.

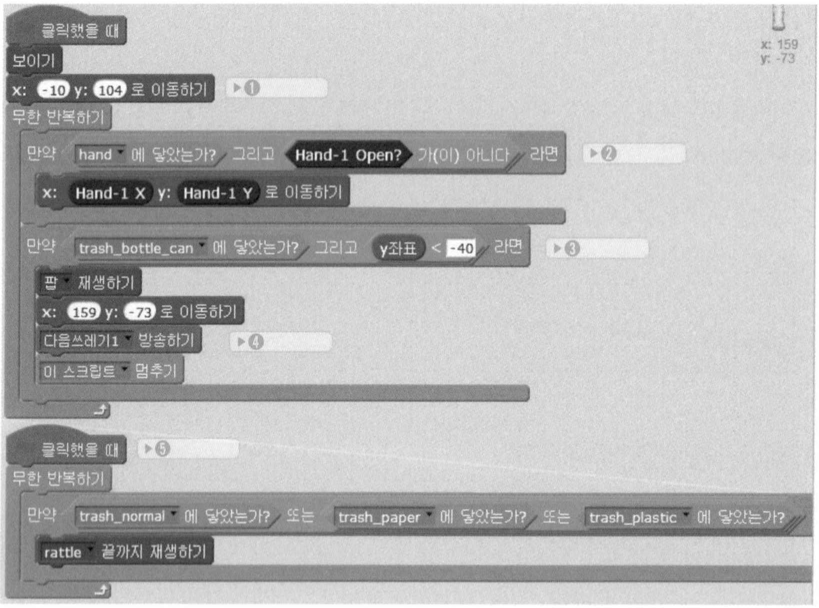

```
클릭했을 때
보이기
x: -10 y: 104 로 이동하기                                              ▶❶
무한 반복하기
    만약 hand 에 닿았는가? 그리고 Hand-1 Open? 가(이) 아니다 라면          ▶❷
        x: Hand-1 X y: Hand-1 Y 로 이동하기
    만약 trash_bottle_can 에 닿았는가? 그리고 y좌표 < -40 라면            ▶❸
        팝 재생하기
        x: 159 y: -73 로 이동하기
        다음쓰레기1 방송하기                                            ▶❹
        이 스크립트 멈추기

클릭했을 때                                                            ▶❺
무한 반복하기
    만약 trash_normal 에 닿았는가? 또는 trash_paper 에 닿았는가? 또는 trash_plastic 에 닿았는가?
        rattle 끝까지 재생하기
```

glass_bottle 스프라이트 명령어

다음 plastic_bottle 스프라이트도 glass_bottle과 똑같습니다. plastic_bottle은 처음 녹색 깃발을 클릭했을 때는 보이지 않게 해주다가 "다음 쓰레기1" 방송을 받았을 때 윗그림과 같은 명령어를 만들어 줍니다. 모든 쓰레기 스프라이트는 분리수거가 되어야할 쓰레기통에만 담기게 만들고, 다른 쓰레기통에 접근하면 경고 메시지 "rattle"을 내는 것으로 모두 같은 명령어를 만들어 주면 됩니다. 따라서 glass_bottle, plastic_bottle, newspaper, coke, trash_comb, trash_snack은 모두 쓰레기 스프라이트로서 분리수거가 되어야 할 쓰레기통을 비교하는 부분만 다르고 나머지 명령어가 모두 똑같습니다.

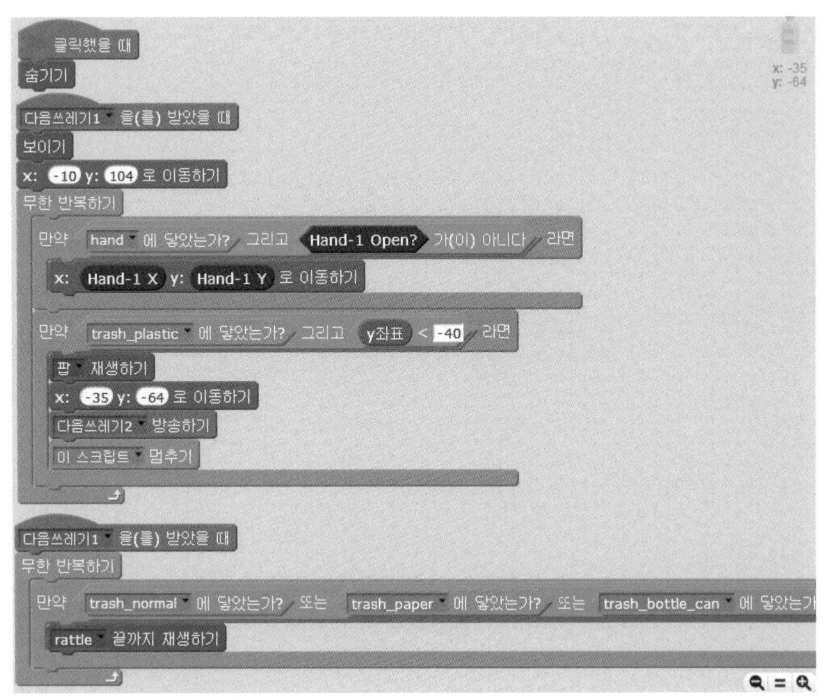

plastic_bottle 스프라이트 명령어

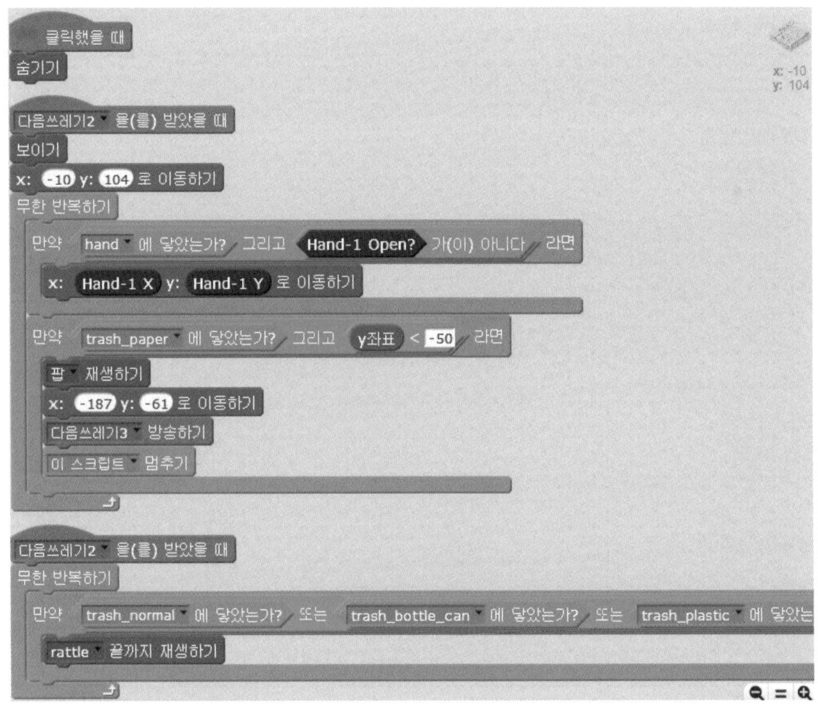

newspaper 스프라이트 명령어

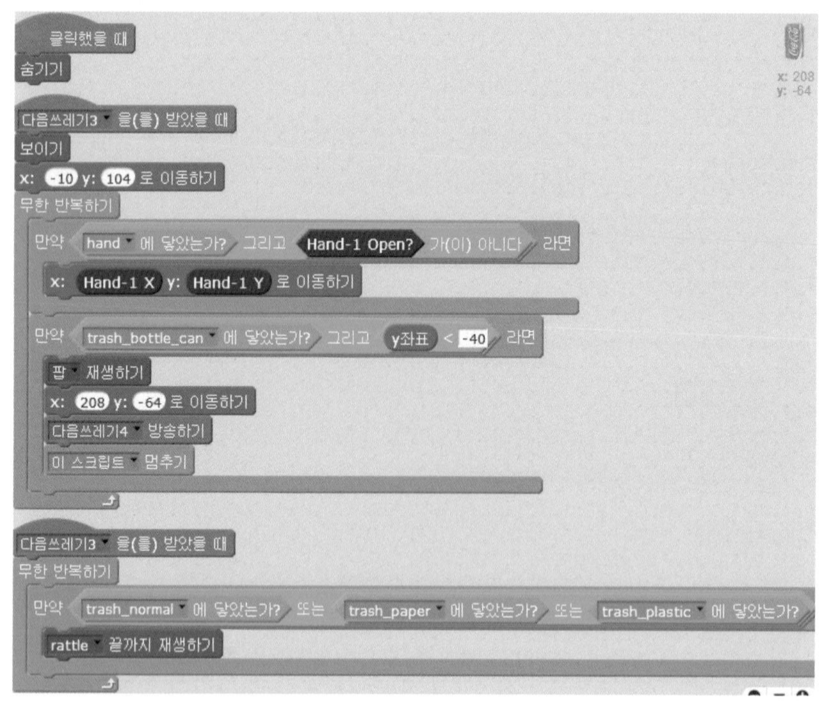

coke 스프라이트 명령어

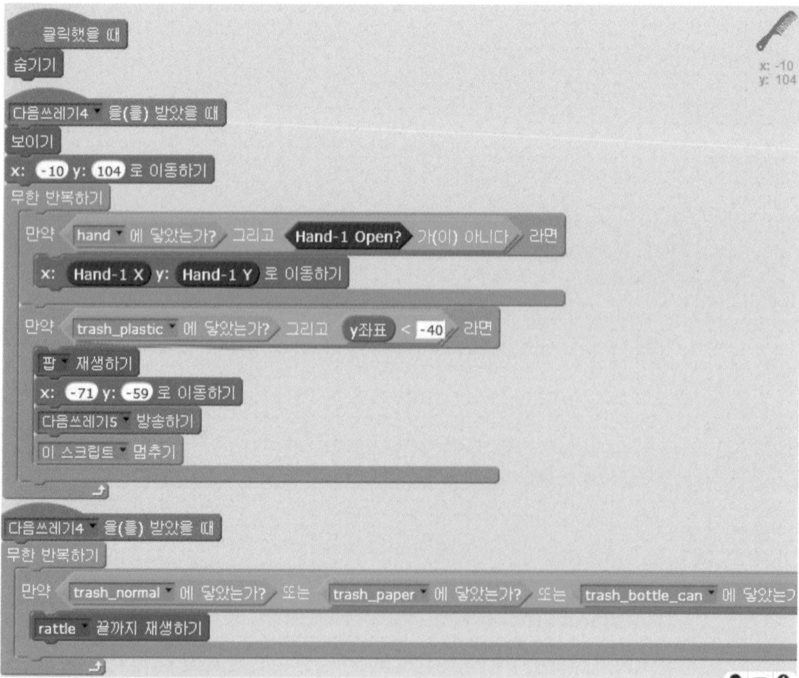

trash_comb 스프라이트 명령어

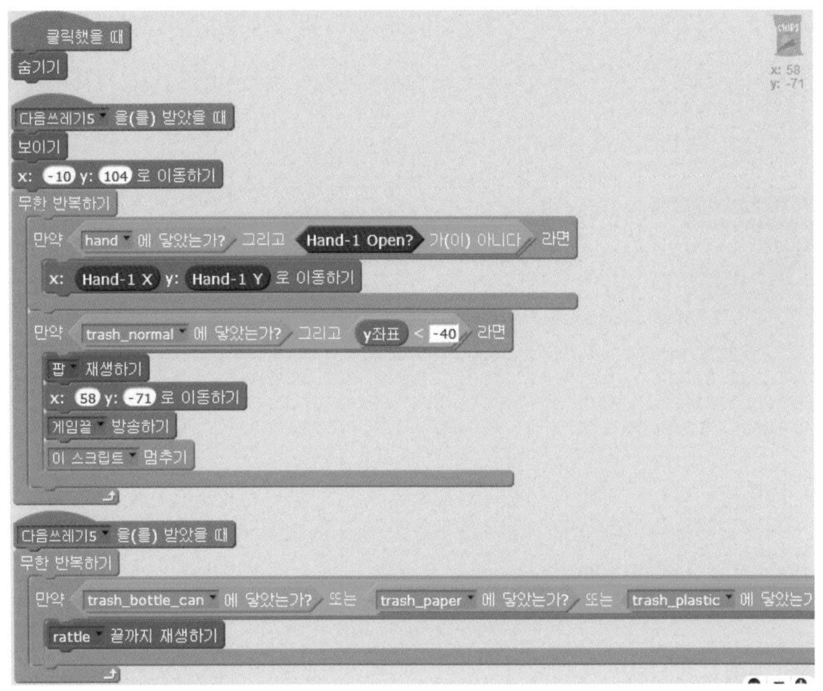

trash_snack 스프라이트 명령어

윗그림에서 "게임끝" 방송하기가 있다는 점을 주의해주세요.

이제 모든 쓰레기를 제대로 분리수거하게 되면 축하 메시지를 띄우려고 합니다. 그래서 아래 그림과 같이 "축하합니다!!!"라는 메시지를 스프라이트로 만듭니다.(아래 그림은 스크래치에서 그린 것이 아니라 파워포인트에서 그린 것을 그림으로 저장한 뒤 스크래치에서 가져온 것입니다.)

축하 스프라이트 명령어

축하 스프라이트는 처음에는 보이지 않다가 게임끝 방송을 받게 되면 나타나게 해줍니다.

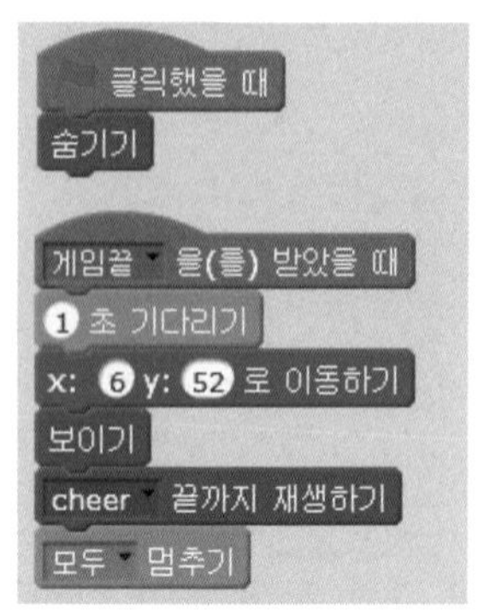

시작 스프라이트 명령어

마지막으로 시작을 알리는 의미로 "쓰레기 분리수거를 하세요."라는 메시지가 적힌 스프라이트를 만듭니다.

시작 스프라이트 명령어

시작 스프라이트는 녹색 깃발을 클릭하면 보였다가 3초 후에 사라지는 걸로 하겠습니다.

시작 스프라이트 명령어

이제 쓰레기 분리수거 작품의 모든 명령어를 완성했습니다. 녹색 깃발을 클릭하고 아래 그림처럼 손으로 쓰레기를 잡아서 적절한 분리수거 쓰레기통에 넣어 봅시다. 잘못 분리수거를 하면 경고 메시지가 뜨는지 확인해 보세요.

03 세 번째로 만들어볼 작품은 손가락 권총 게임입니다. 아래 그림에 작품 모습이 나와 있는데요. 십자가 모양의 총 과녁을 이용해서 무작위로 움직이는 스프라이트를 맞추는 작품입니다.

시작 스프라이트 명령어

재밌는 것은, 총의 과녁이 손을 따라 다니고 아래 그림처럼 총의 방아쇠를 당기듯이 손가락을 오므리면 총알이 발사되게 만들어 여러 가지 스프라이트를 맞추는 작품입니다.

손가락총 작품 시연 사진

손가락 총 작품에 필요한 스프라이트는 아래 그림과 같습니다. 과녁, 총알, 그리고 총알의 타겟이 될 스프라이트 4개(Bat1, Bat2, Starfish, Ladybug2)를 가져옵니다.

손가락총 작품에 필요한 스프라이트

총알의 타겟이 될 4개의 스프라이트의 명령어를 먼저 만들어 봅시다. 이 스프라이트들은 스크래치 화면에서 무작위로 날아다니다가 총알에 맞으면 사라지는 역할을 합니다. 그래서

❶ 가장 먼저 ~ 초 동안 무작위로 여기 저기 움직이는 명령어를 만들어 줍니다.

❷ 그리고 총알에 닿았으면 "잡은 수" 변수를 1 증가시키고 반투명 효과를 이용해서 서서히 사라지게 만들어 줍니다.

```
클릭했을 때  ▶❶
보이기
무한 반복하기
    1 부터 3 사이의 난수 초 동안 x: -200 부터 200 사이의 난수 y: -160 부터 160 사이의 난수 으로 움직이기

클릭했을 때
무한 반복하기
    총알 에 닿았는가? 까지 기다리기
    잡은수 을(를) 1 만큼 바꾸기  ▶❷
    20 번 반복하기
        반투명 효과를 5 만큼 바꾸기
    1 부터 3 사이의 난수 초 기다리기
    그래픽 효과 지우기
```
Bat1 스프라이트 명령어

나머지 Bat2, Starfish, Ladybug2 스프라이트도 Bat1 스프라이트의 명령어와 동일합니다. 위 그림의 명령어를 각 스프라이트에 복사해주면 되겠습니다.

이번에는 과녁 스프라이트를 선택하고 명령어를 만들어 봅시다. 과녁은 기본적으로 립모션 위의 손을 따라 다니고, 손가락이 하나 이상 펴져 있으면 총알을 발사하지 않다가 손가락을 접게 되면(마치 방아쇠 당기듯이) 총알이 발사되는 모양으로 바뀌는 역할을 할 겁니다.

아래 그림에서 보듯이,

① 가장 먼저 과녁이 손을 따라 다니게 하고,

② 립모션 위에 손과 손가락 1개가(1개 이상) 보일 때까지 기다리다가 실행되게 합니다.

③ 손과 손가락이 보이게 됨과 동시에 총알수가 0보다 크면 "발사 = 1"로 만들어 총알이 발사될 준비가 됐음을 표시합니다.

④ 손가락을 오므려서 총의 방아쇠를 당기게 되면 과녁을 발사모양으로 바꾸고(발사모양 방송하기) "발사 = 2"로 바꾸어서 나중에 총알 스프라이트에서 총알이 발사 되는 조건에 "발사"변수가 사용되게 해줍니다.("발사 = 2"이면 총알 스프라이트에서 총알이 발사됨)

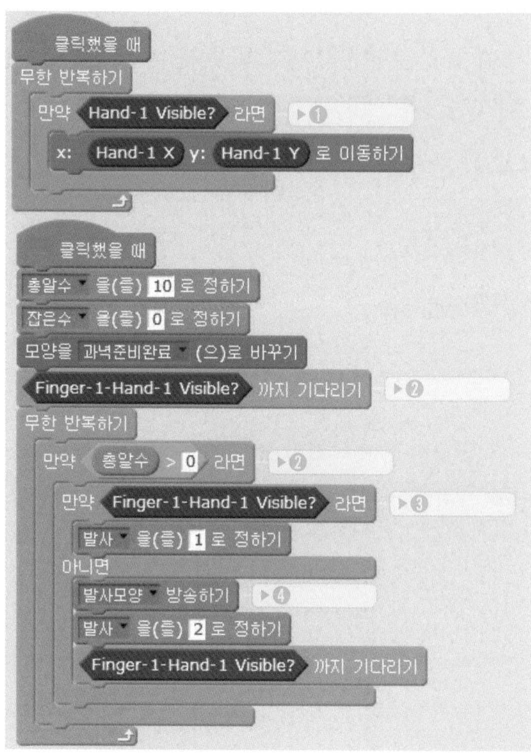

과녁 스프라이트 명령어

과녁 스프라이트는 3가지 모양으로 그려야 합니다. 아래 그림에서처럼 "과녁준비완료", "발사모양", "장전중" 그림을 그려주셔야 합니다.

과녁 스프라이트 3가지 모양

과녁 스프라이트에서 총알을 다 사용하여 총알 수가 -(마이너스) 값으로 떨어지지 않게 0으로 유지해주는 명령어와 "발사모양" 방송 명령어를 아래처럼 만들어 줍니다.

```
클릭했을 때
무한 반복하기
  만약 (총알수) < 0 라면
    총알수 을(를) 0 로 정하기

발사모양 을(를) 받았을 때
모양을 발사모양 (으)로 바꾸기
0.5 초 기다리기
모양을 과녁준비완료 (으)로 바꾸기
```

과녁 스프라이트 명령어

과녁 스프라이트에서의 마지막 명령어입니다. 총알은 최대 10발로 가정하고, 10발 미만일 때 손을 스크래치 화면 밖으로 움직이면 총을 장전(다시 10발 채우기)하는 걸로 하겠습니다. "Hand-1 Visible?이 아니다"이면 스크래치 화면 밖으로 손이 움직인 것이게 되고, 이 때 총알이 10발 미만이면 "총알수 = 10"으로 장전을 해줍니다.

```
클릭했을 때
무한 반복하기
  만약 <Hand-1 Visible?> 가(이) 아니다 그리고 (총알수) < 10 라면
    모양을 장전중 (으)로 바꾸기
    hand clap 끝까지 재생하기
    hand clap 끝까지 재생하기
    총알수 을(를) 10 로 정하기
    모양을 과녁준비완료 (으)로 바꾸기
```

과녁 스프라이트 명령어

마지막으로 총알 스프라이트를 선택합니다.

❶ 총알 스프라이트는 "발사 = 2" 이면 총알수를 1 줄이고 과녁 위치에서 총알이 발사되게 하겠습니다.

❷ 총알이 발사되는 모습은 마치 총알이 화면 안으로 들어가는 것처럼 크기를 조금씩 바꿔주면 됩니다.

❸ 마지막으로 과녁 스프라이트에서 오므렸던 손가락을 다시 펴서 "발사 = 1"이 될 때까지 기다려 줍니다.

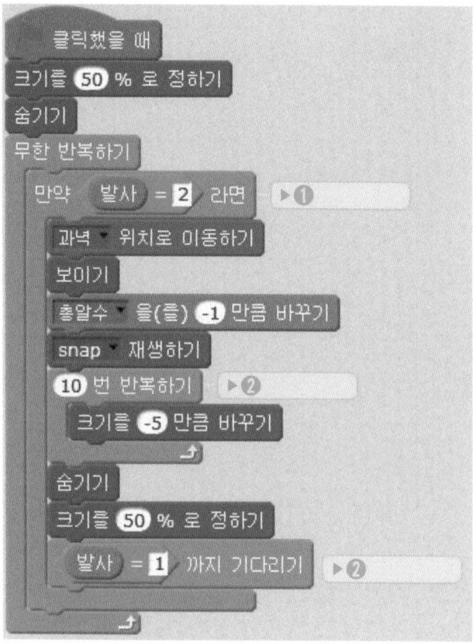

```
클릭했을 때
크기를 50 % 로 정하기
숨기기
무한 반복하기
  만약 발사 = 2 라면  ▶❶
    과녁 위치로 이동하기
    보이기
    총알수 을(를) -1 만큼 바꾸기
    snap 재생하기
    10 번 반복하기  ▶❷
      크기를 -5 만큼 바꾸기
    숨기기
    크기를 50 % 로 정하기
    발사 = 1 까지 기다리기  ▶❷
```

과녁 스프라이트 명령어

이제 손가락 총 작품이 모두 완성되었습니다. 녹색 깃발을 클릭하고 립모션 위에 한 손가락을 올려서 총 쏘기를 해보세요. 총알이 발사되어 무작위로 움직이는 스프라이트가 총알에 맞아서 없어지는지 확인해 보세요.

립모션과 아두이노 프로젝트

(손가락 LED)

UNIT 1 립모션 아두이노 프로젝트 (손가락 LED)

이번 섹션에서는 그 동안 배운 스크래치와 아두이노, 립모션을 모두 합쳐서 작품을 하나 만들어 보도록 하겠습니다. 스크래치와 아두이노, 립모션을 함께 사용하게 되면 스크래치 동작이 약간 느려질 수 있습니다. 그래서 최대한 아두이노로 표현하는 것은 간단한 동작이 가능한 LED를 사용하는 것으로 하겠습니다.
아래 그림을 보면 이번 작품의 동작 모습이 나와 있습니다. 손가락을 립모션 위에서 펼치면 스크래치에서 손가락 수만큼의 숫자 모양이 나오고, LED도 그 개수만큼 켜지는 작품입니다.

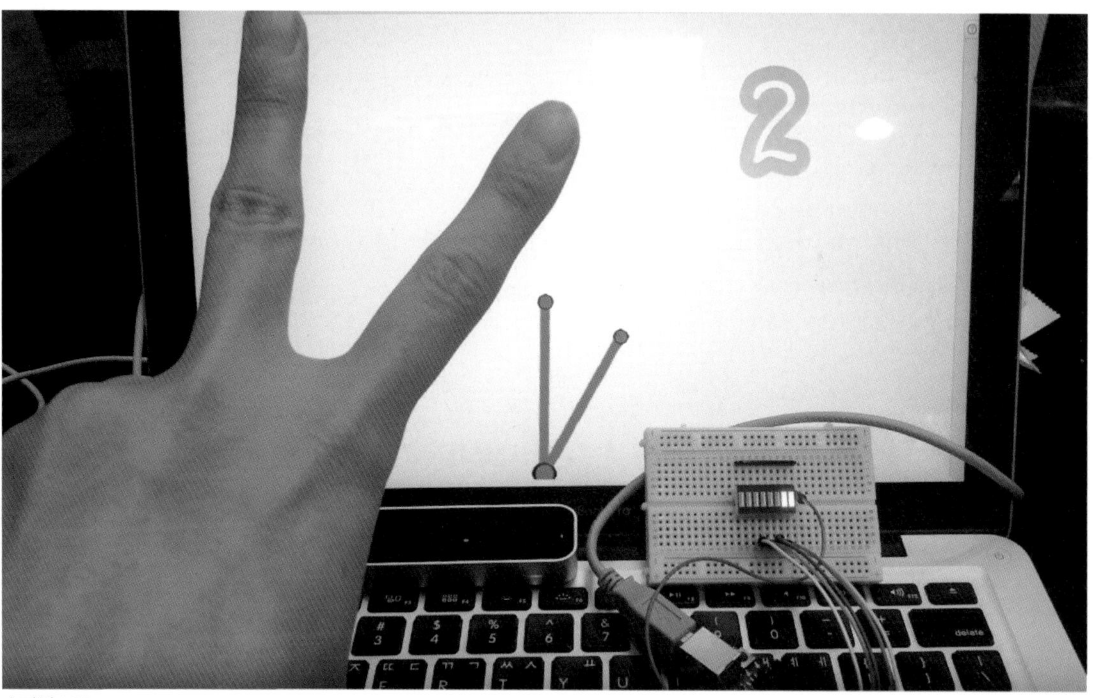

손가락 LED

좀 더 정확한 동작 모습이 아래에 나와 있습니다. 손가락 개수, LED 점멸 개수, 스크래치 화면의 숫자에 주목해 주세요.

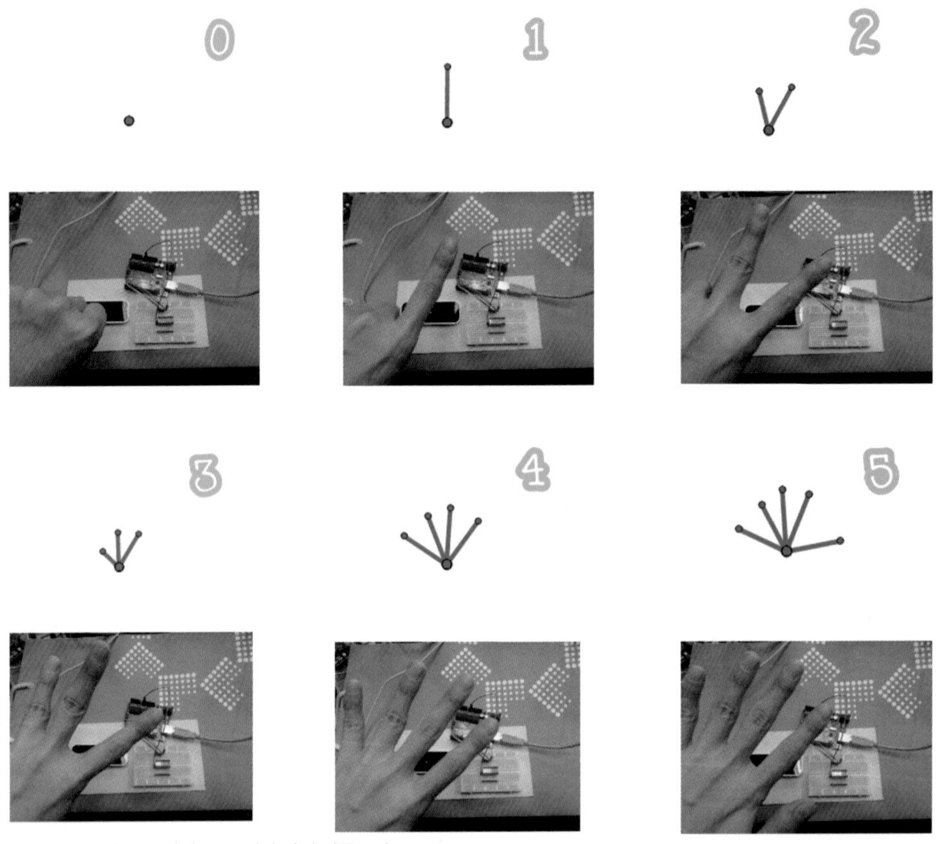

손가락 개수와 LED 점멸, 스크래치 화면 작동 모습

01 필요한 스프라이트는 아래 그림과 같습니다. 점, Finger, Hand, 숫자 스프라이트가 필요한데, 점 스프라이는 그리기 기능으로 점 하나를 찍으시면 되고, Finger는 하나를 그린 다음에 5개 더 복사를 하면 됩니다. 숫자 스프라이트는 스크래치에 들어 있는 숫자 모양의 스프라이트를 가져오시면 됩니다.(숫자는 모양이 0 ~ 5까지 필요합니다.)

필요한 스프라이트

우선 점 스프라이트를 선택합니다. 점 스프라이트는 손의 모양을 그리는 명령어로서 Section 12에서 배운 손 모양 작품의 명령어를 그대로 똑같이 사용하겠습니다. 아래 그림에 그 명령어가 나와 있습니다.

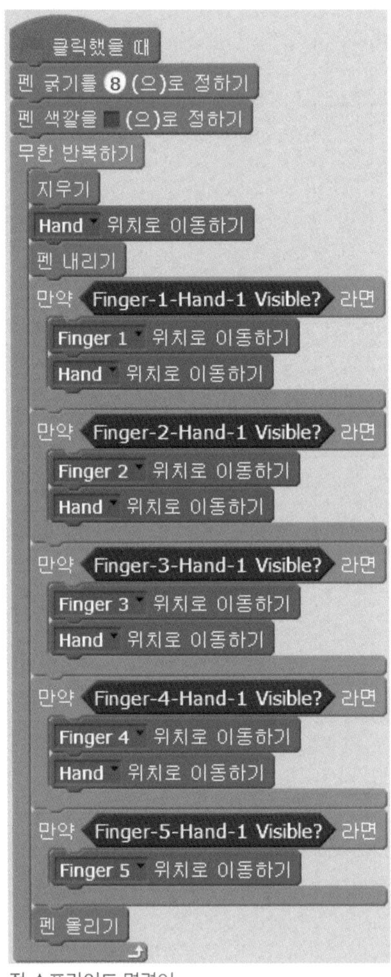

점 스프라이트 명령어

Finger 1 스프라이트에서는, 만약 립모션 위에서 하나의 손가락이 보이면 Finger 1 모양이 실제 손가락을 따라 움직이게 명령을 만들어 주고, "flag_f1 = 1"로 정해줍니다. flag_f1 변수는 나중에 sum 변수에 모두 합쳐져 스크래치 화면에 나타나는 숫자 모양을 결정하는데 사용될 것입니다.

클릭했을 때
무한 반복하기
만약 Finger-1-Hand-1 Visible? 라면
x: Finger-1-Hand-1 X y: Finger-1-Hand-1 Y 로 이동하기
보이기
flag_f1 을(를) 1 로 정하기
아니면
숨기기
flag_f1 을(를) 0 로 정하기

Finger 1 스프라이트 명령어

Finger 1 ~ Finger 5 스프라이트까지의 모든 명령어는 똑같습니다. 단지 Finger-번호와 변수 flag_f 번호가 다르기 때문에, 아래 그림들의 명령어를 보시면서 다른 점만 바꿔 주시면 됩니다.

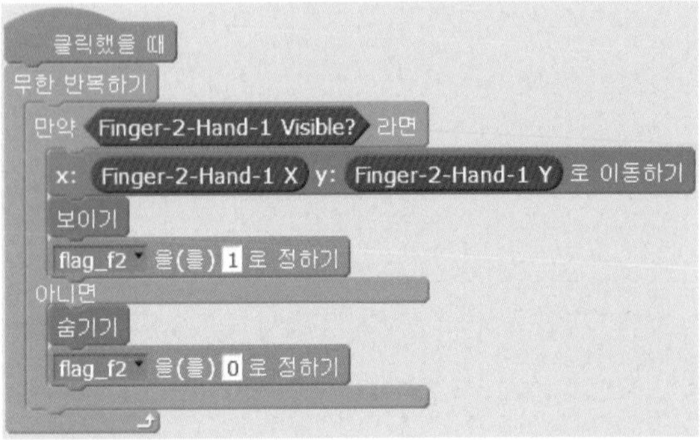

```
클릭했을 때
무한 반복하기
  만약 <Finger-2-Hand-1 Visible?> 라면
    x: (Finger-2-Hand-1 X) y: (Finger-2-Hand-1 Y) 로 이동하기
    보이기
    flag_f2 을(를) 1 로 정하기
  아니면
    숨기기
    flag_f2 을(를) 0 로 정하기
```

Finger 2 스프라이트 명령어

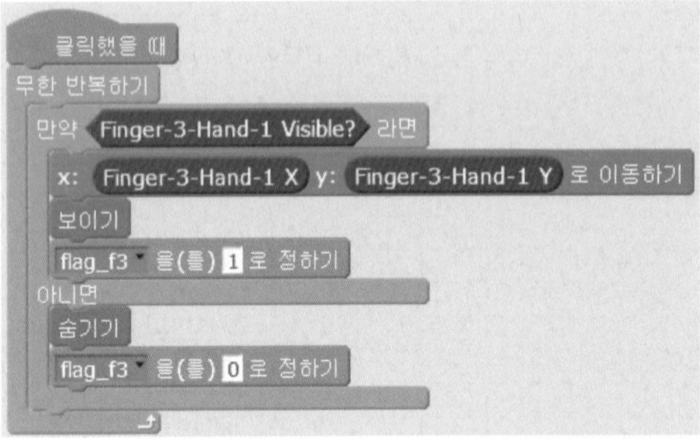

```
클릭했을 때
무한 반복하기
  만약 <Finger-3-Hand-1 Visible?> 라면
    x: (Finger-3-Hand-1 X) y: (Finger-3-Hand-1 Y) 로 이동하기
    보이기
    flag_f3 을(를) 1 로 정하기
  아니면
    숨기기
    flag_f3 을(를) 0 로 정하기
```

Finger 3 스프라이트 명령어

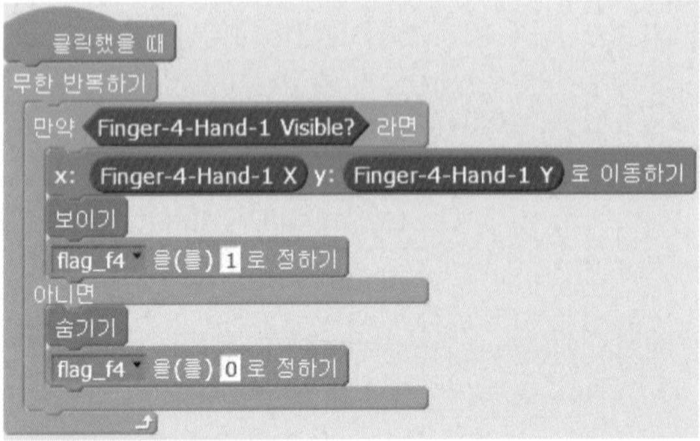

```
클릭했을 때
무한 반복하기
  만약 <Finger-4-Hand-1 Visible?> 라면
    x: (Finger-4-Hand-1 X) y: (Finger-4-Hand-1 Y) 로 이동하기
    보이기
    flag_f4 을(를) 1 로 정하기
  아니면
    숨기기
    flag_f4 을(를) 0 로 정하기
```

Finger 4 스프라이트 명령어

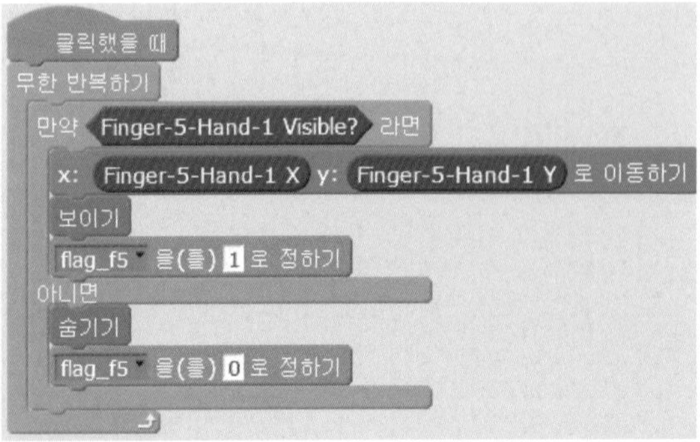

```
클릭했을 때
무한 반복하기
  만약 <Finger-5-Hand-1 Visible?> 라면
    x: (Finger-5-Hand-1 X) y: (Finger-5-Hand-1 Y) 로 이동하기
    보이기
    flag_f5 을(를) 1 로 정하기
  아니면
    숨기기
    flag_f5 을(를) 0 로 정하기
```

Finger 5 스프라이트 명령어

Hand 스프라이트는 Hand-1 Visible 조건에 따라 립모션 위의 손을 따라 움직이게 명령을 만들어 주기만 하면 됩니다.

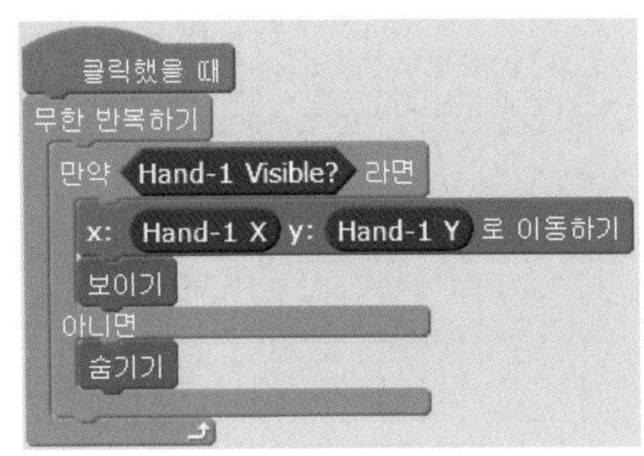

Hand 스프라이트 명령어

02 이제 화면에서 숫자모양과 아두이노 제어 명령을 만들 숫자 스프라이트를 선택합니다. 숫자 스프라이트는 아래 그림과 같이 숫자 0 ~ 5까지 총 6개의 모양을 가지고 있어야 합니다.

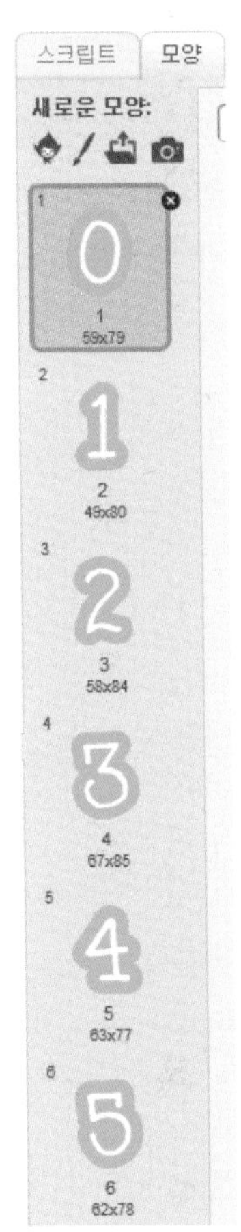

숫자 스프라이트 모양

숫자 스프라이트에서 만들 첫 명령어는 sum 변수 계산과 모양 바꾸기입니다. 각 Finger 스프라이트에서 계산된 flag_f 번호 변수의 값을 sum 변수에 합산을 합니다. sum 변수는 0 ~ 5의 값을 가지게 됩니다. 손가락을 모두 다 접어서 주먹을 쥐면 sum = 0이고 손가락을 하나씩 펼 때마다 sum 변수는 1, 2, 3,……, 하나씩 커지게 됩니다. 이 sum 변수에 + 1하면 그 값이 바로 숫자 모양의 번호가 됩니다.
아래 그림을 보면, 각 숫자 모양의 번호가 나와 있습니다. 숫자 0은 1번, 숫자 1은 2번,……, 숫자 5는 6번입니다. 그래서 sum +1을 계산한 결과값으로 모양의 번호를 결정해 주면 됩니다.

클릭했을 때
x: 150 y: 100 로 이동하기
sum 을(를) 0 로 정하기
무한 반복하기
sum 을(를) flag_f1 + flag_f2 + flag_f3 + flag_f4 + flag_f5 로 정하기
모양을 sum + 1 (으)로 바꾸기

숫자 스프라이트 sum 계산, 모양 바꾸기 명령어

이번에는 LED를 제어하기 위한 명령어를 만듭니다. LED는 모두 꺼진 상태(allOff), 하나가 켜진 상태(oneOn), 두 개가 켜진 상태(twoOn), 세 개가 켜진 상태(threeOn), 네 개가 켜진 상태(fourOn), 다섯 개가 켜진 상태(fiveOn)라는 이름으로 방송하기를 만들겠습니다. 각 방송의 기능에 맞게끔 LED를 점멸시키는 명령어를 아래 그림처럼 만들어 줍니다. 아래 그림의 방법외에 반복문이나 추가블록을 사용하여 LED제어하는 명령어의 개수를 줄일 수는 있지만, 스크래치의 느린 특성 때문에 LED 제어가 제대로 되지 않아 부득이 하게 아래 그림처럼 명령어를 만들었습니다.

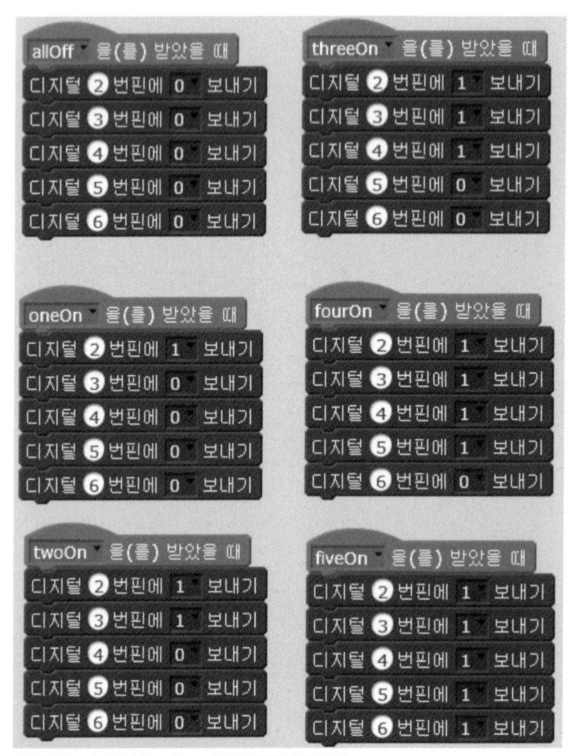

아두이노에 연결된 LED 제어를 위한 명령어

이제 마지막으로, sum변수값에 따라 LED 제어 방송 명령을 적절히 실행시켜줍니다. 그리고 아래 그림처럼 sum 변수값이 0 ~ 5까지인지 조건을 따져 주면서 LED 점멸 방송 명령을 만들어 주세요.

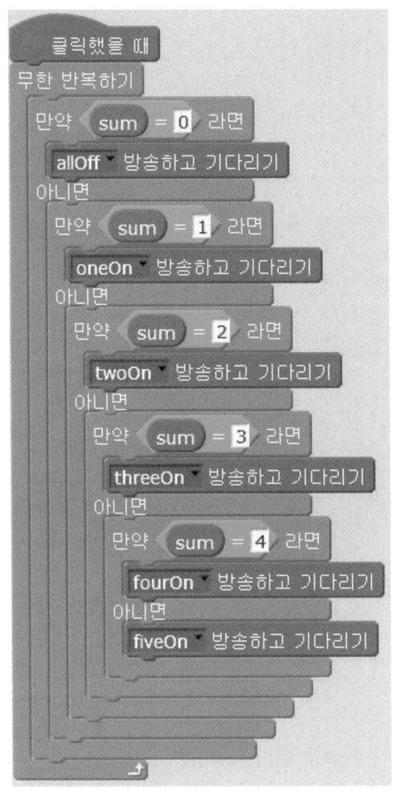

제어 방송 실행하기 명령어

이제 모든 스프라이트의 명령어가 완성되었습니다. 녹색 깃발을 클릭하고 주먹을 쥐었다 폈다하거나 손가락을 하나씩 펴거나 접으면서 실행 결과를 확인해 보세요. 스크래치 화면에서 숫자 모양이 잘 변하는지, LED 점멸이 손가락 개수만큼 잘 되는지도 확인해 보세요.

SCRATCH

CHAPTER 05

블루투스 무선 통신을 이용한 스크래치 아두이노 프로젝트

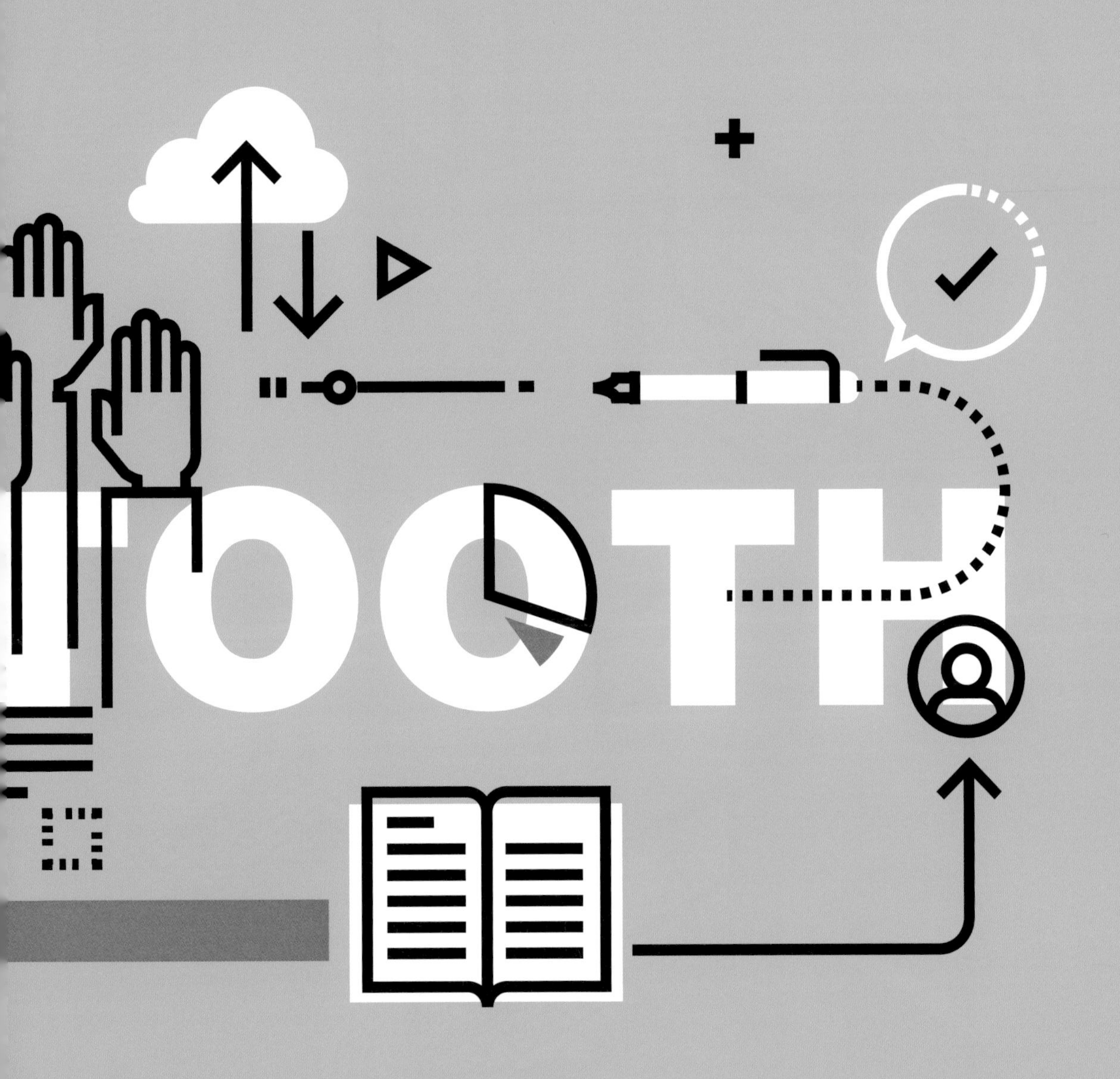

컴퓨터와 아두이노를 블루투스로 무선 통신하기

블루투스를 이용하여 컴퓨터와 아두이노를 무선으로 연결하기

이번 섹션에서는 컴퓨터와 아두이노가 연결된 USB 유선 케이블 통신을 블루투스 무선 통신으로 바꾸기 위한 준비 작업을 소개하겠습니다. 아래 그림을 한 번 보시길 바랍니다.

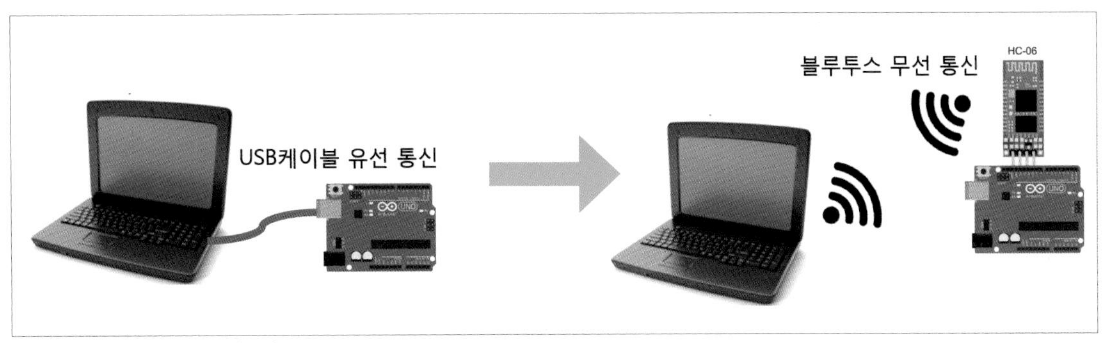

유선 통신을 무선 통신으로 바꾸기

스크래치에서 만든 명령어를 아두이노에게 전달하는 것과, 아두이노의 센서값이 스크래치에게 전달되는 것이 지금까지는 USB 케이블을 통해서 이루어졌습니다. 그 때문에 아두이노가 멀리 가거나, 컴퓨터를 멀리 두고 작업(제어)할 수가 없었습니다. 그러나 시리얼 통신(직렬통신)을 이용하면 블루투스를 이용해 무선으로 통신을 주고 받기 때문에 거리의 제약에서 비교적 자유로워집니다. 그래서 블루투스 무선 통신을 하려면 우선 블루투스 모듈이 필요합니다. 만약 독자님께서 노트북을 사용하고 계신다면 노트북 안에 블루투스가 내장되어 있습니다. 그렇지 않고 데스크탑 PC를 사용하고 있으시다면 블루투스 동글(인터넷 쇼핑몰 등에서 구입가능)을 구매하셔서 컴퓨터 USB에 꽂으시면 됩니다. 필자는 노트북을 사용하고 있어서, 노트북을 기준으로 설명을 하려고 합니다. 만약 데스크 탑 PC를 사용하신다면 인터넷에서 "블루투스 USB 2.0 동글"이라고 검색하셔서 구입하시고, "PC에 USB 동글 설치하기"라고 검색하셔서 설치를 따라해 보시면 되겠습니다.

노트북에 내장되어 있는 블루투스가 아두이노와 무선 통신을 하려면 아두이노에 블루투스 모듈을 설치해야 합니다. 노트북의 블루투스와 아두이노에 연결된 블루투스가 서로 무선통신을 하면서 서로의 데이터를 주고 받게 하려는 것입니다.

그러기 위해서 아두이노에 연결할 블루투스로는 아래처럼 HC-06이라는 것을 사용하겠습니다.

HC-06 블루투스 모듈

여러 가지 블루투스 모듈이 있지만, 이 HC-06은 아두이노에 연결하여 블루투스 무선 통신으로 많이 사용하는 것 중의 하나이면서 가격도 저렴하고 인터넷에 관련 자료가 많이 나와 있습니다.
이제 본격적으로, HC-06을 아두이노에 연결하고 컴퓨터와 무선통신을 하기 위한 설정방법을 설명하겠습니다.

우선 아래 그림처럼 아두이노를 USB 유선 케이블로 컴퓨터에 연결합니다.

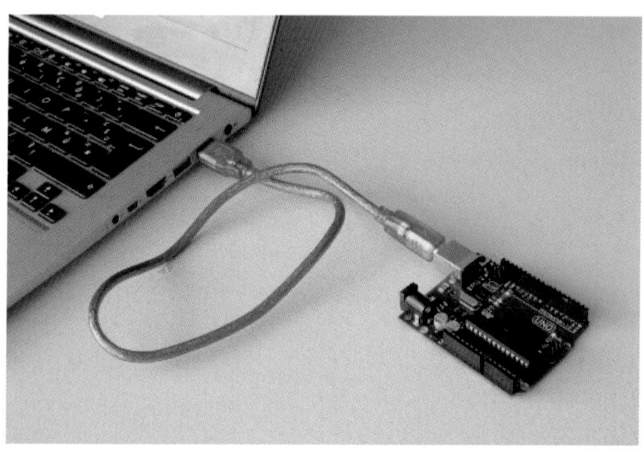

아두이노를 컴퓨터에 연결하기

그리고 아두이노 스케치 프로그램을 실행시킵니다.(아두이노 스케치 프로그램은 웹 사이트 주소 "arduino.cc"로 들어가셔서 "download"메뉴에서 무료로 받아서 설치하시면 됩니다.)

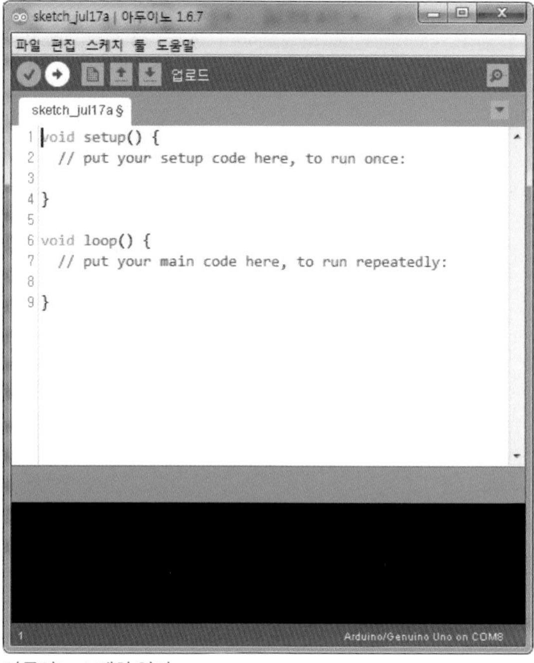

아두이노 스케치 열기

빈 스케치 파일을 아두이노에 업로드를 해야 합니다. 그러기 위해서 아두이노 스케치 프로그램의 상단 메뉴에서 [툴] → [보드] → [Arduino/Genuino Uno]를 선택 합니다.

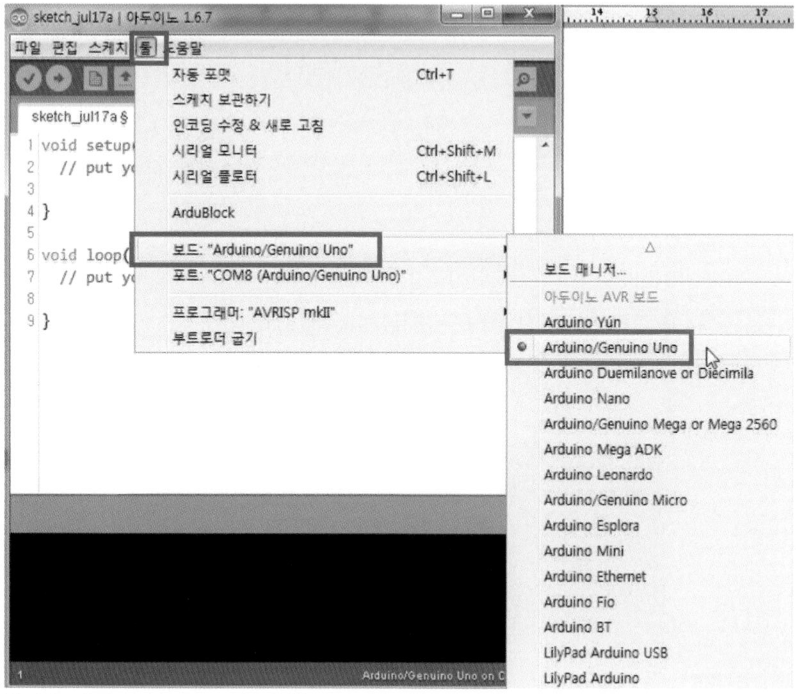

툴-보드-Arduino/Genuino Uno 선택

이번에는 [툴] ➔ [포트] ➔ [COMxx (Arduino/Genuino Uno)]를 선택합니다. 선택을 하면 아래 그림처럼 앞에 V 체크가 생깁니다.

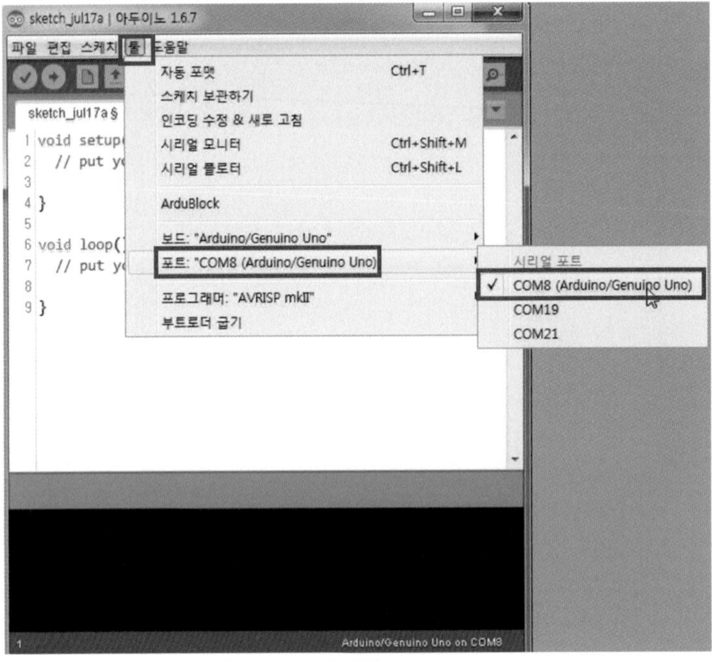

툴-포트-COMxx(Arduino/Genuino Uno) 선택

이제 아두이노에 빈 스케치 프로그램을 업 로드할 준비가 완료되었습니다. 아래 그림처럼 업로드 버튼을 누릅니다.

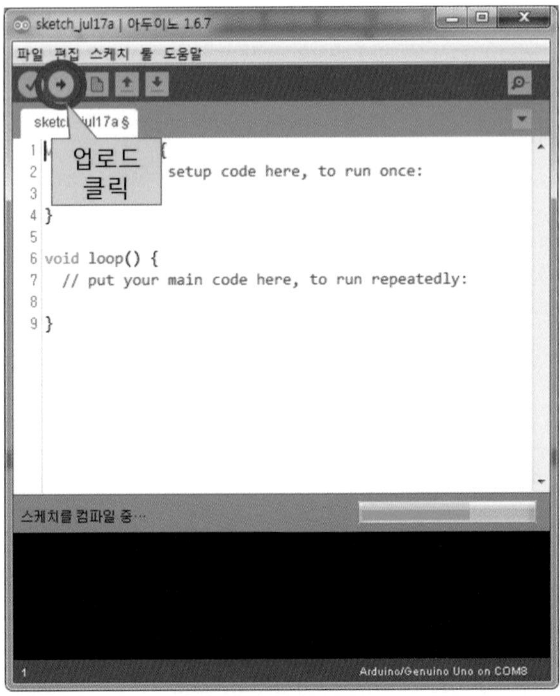

스케치 업로드 클릭하기

그리고 아래 그림처럼 업로드 완료 메시지가 뜨는지 확인합니다.

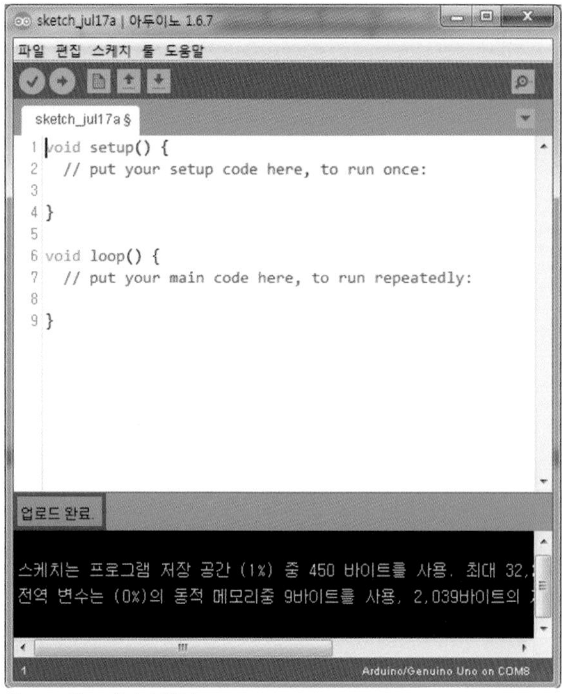

업로드 완료 메시지 확인

업로드가 완료된 이후에, HC-06 블루투스 모듈을 연결합니다.(아두이노는 컴퓨터에 연결된 상태임)

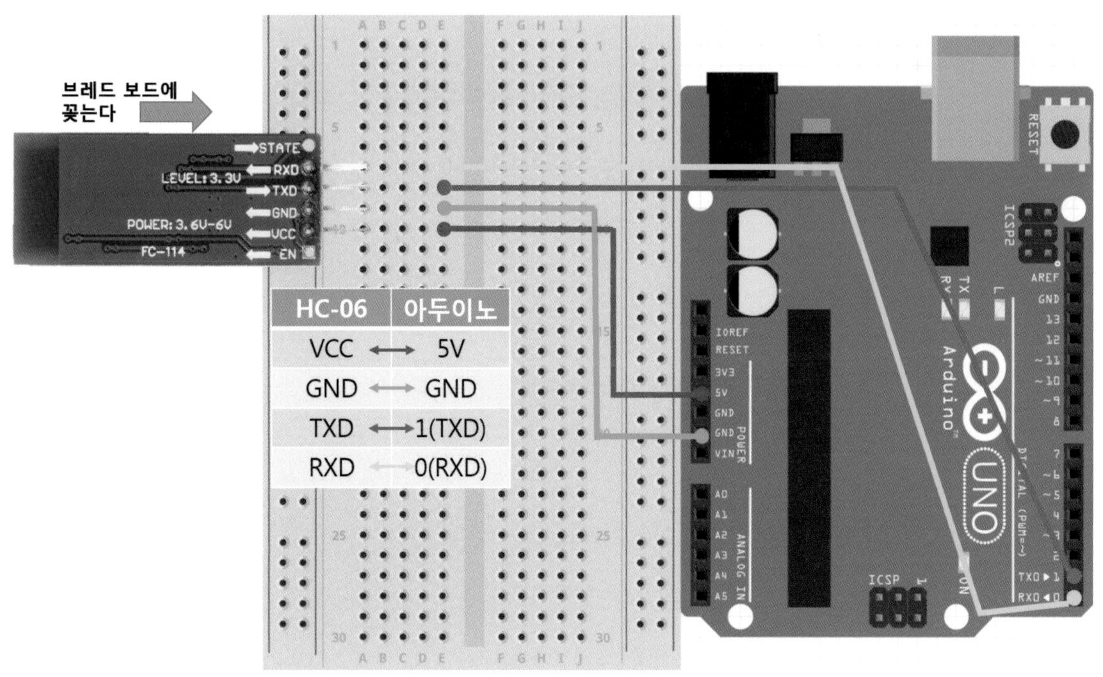

업로드 완료 메시지 확인

시리얼 모니터를 클릭해서 모니터 창을 엽니다. 그리고 "line ending 없음"과 "9600 보드레이트"가 제대로 선택되어 있는지 확인합니다.

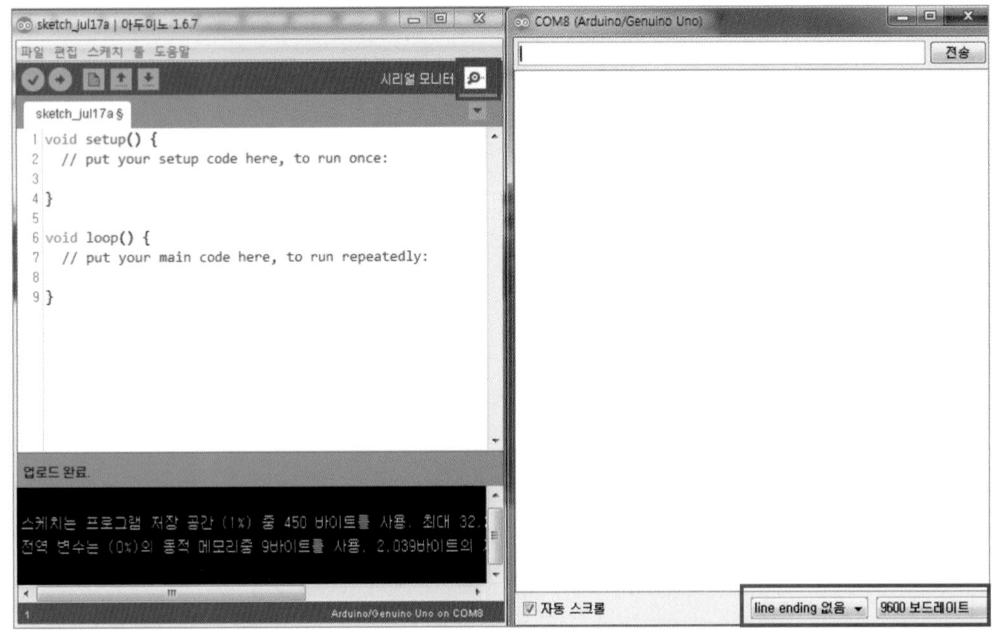

시리얼 모니터 열기

블루투스 모듈을 처음에 구매하면 9600 보드레이트로 설정되어 있으므로 시리얼 모니터도 9600 보드레이트로 설정해야 합니다. 그리고 시리얼 모니터에 아래 그림처럼 "AT"라고 치고 엔터키를 치면 화면에 "OK"라는 메시지가 뜨게 됩니다.

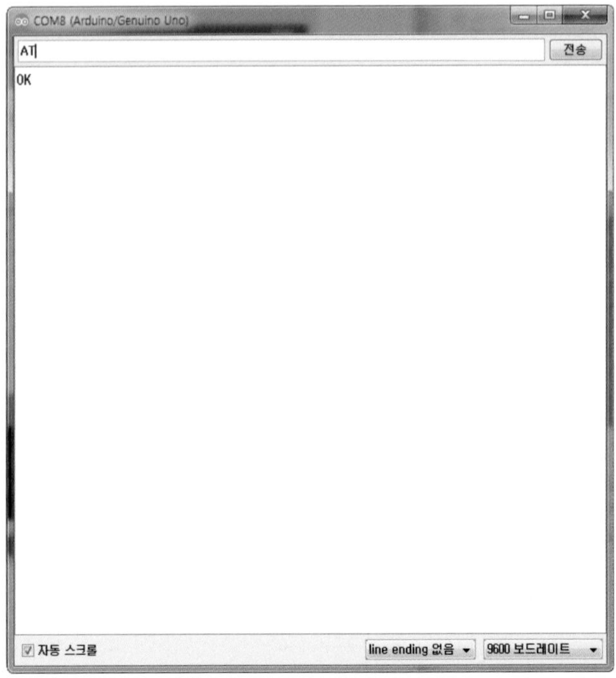

시리얼 모니터에 AT 커맨드 입력

입력칸에 "AT+NAME원하는이름"을 입력하면 나중에 블루투스를 검색할 때 뜨는 이름을 정할 수 있습니다. 저는 AT+NAMEmyBT라고 입력해서 블루투스 이름을 "myBT"라고 지었습니다.

시리얼 모니터에 AT 커맨드 입력

이름을 입력할 때 나오는 메시지는 OKsetname입니다.

OKsetname 메세지

이번에는 블루투스 모듈의 통신 속도를 57600 보드레이트로 맞추려고 합니다. 반드시 57600일 필요는 없지만, 나중에 아두이노에 코드아이 펌웨어를 업로드 할 때 속도를 57600으로 설정할 것이고, 또한 이 속도에 맞게 블루투스 보드레이트도 57600으로 맞춰야 무선 통신이 가능하게 됩니다.(코드아이 펌웨어 업로드시 설정 보드레이트와 블루투스 보드레이트가 동일해야 합니다.) 57600으로 맞추려면 "AT+BAUD7"이라고 입력하고 엔터키를 칩니다.

보드레이트 설정 입력

그러면 "OK57600" 메시지가 뜰 겁니다.

보드레이트 설정 입력

이제 블루투스의 이름을 "myBT", 속도를 57600으로 설정하였습니다. 혹시 여러 학생들에게 강의를 하시는 분이시라면 블루투스 모듈의 이름을 전부 다르게 해야 학생들이 실습하는 데에 혼선이 없을 겁니다. 이럴 때는 블루투스 이름에 번호를 정해서 지으시는 게 좋습니다.

아두이노 스케치를 종료하고, 블루투스 모듈을 브레드 보드에서 제거합니다. 아두이노만 컴퓨터에 유선으로 연결된 상태에서, 코드아이를 실행시키고 펌웨어를 업로드 합니다.(블루투스가 아두이노에 연결되어 있으면 펌웨어 업로드가 안 됩니다.)

포트 갱신을 눌러서 COMxx가 검색되게 하고, COMxx를 선택한 다음에 속도를 57600으로 설정하시고 펌웨어를 눌러서 업로드를 합니다. 그리고 USB 유선 연결이 목적이 아니므로 "연결"버튼은 지금 누르지 않습니다.

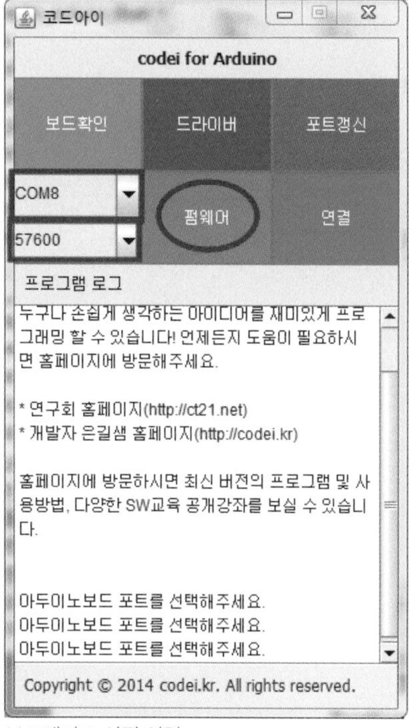

보드레이트 설정 입력

아까 제거했었던 블루투스 모듈을 브레드 보드에 그대로 다시 꽂습니다. 그냥 다시 연결하시면 됩니다. 블루투스 모듈에 LED가 깜빡이는지 확인도 해주세요.

이번에는 윈도우 운영체제에서 제어판으로 갑니다. 제어판에서 "장치 추가" 또는 "Bluetooth 장치 추가"를 선택합니다.

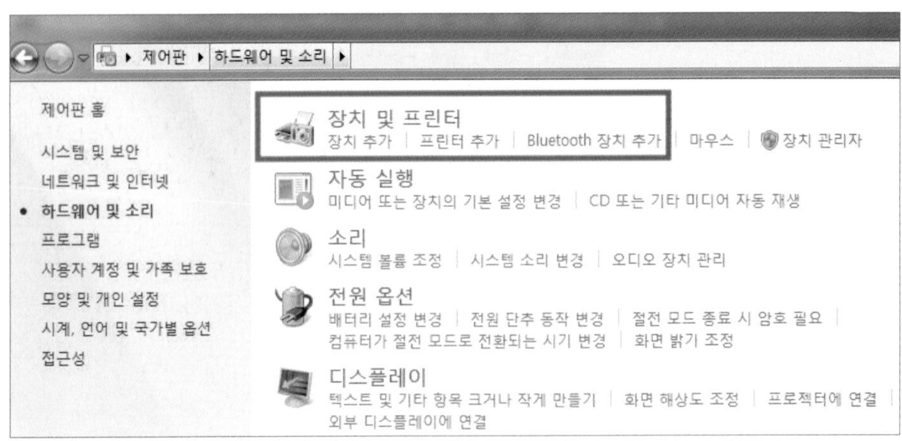

제어판 – 장치 추가

그러면 컴퓨터가 주변에 있는 블루투스 장비를 자동으로 검색하여 아래 그림처럼 결과를 보여줍니다.

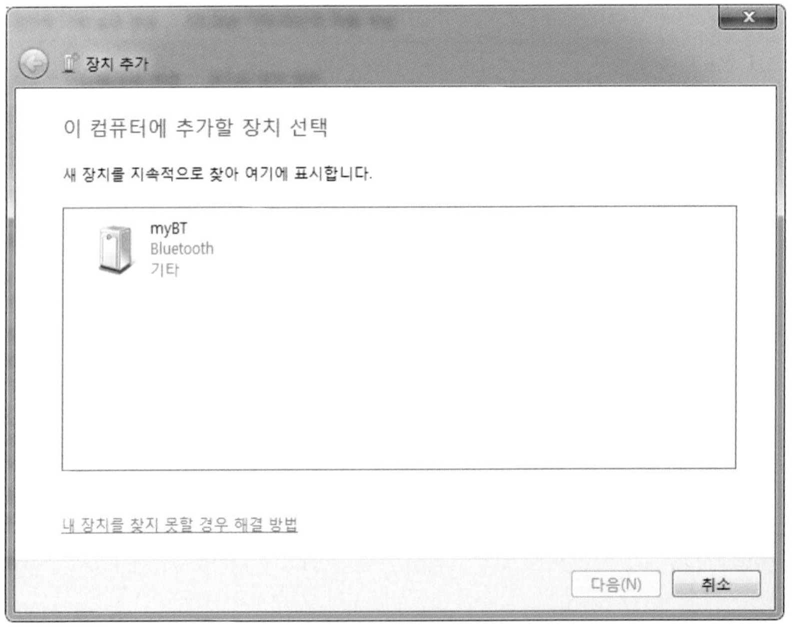

주변 블루투스 검색 결과

아까 전에 바꿨던 이름 "myBT"으로 검색이 되었습니다.(처음 블루투스 이름은 HC-06으로 이름이 뜹니다.)

검색된 블루투스를 더블클릭 합니다.(myBT 더블클릭하기) 그러면 3개의 선택 화면이 뜨는데, 여기에서 "장치의 연결 코드 입력"을 클릭 합니다.

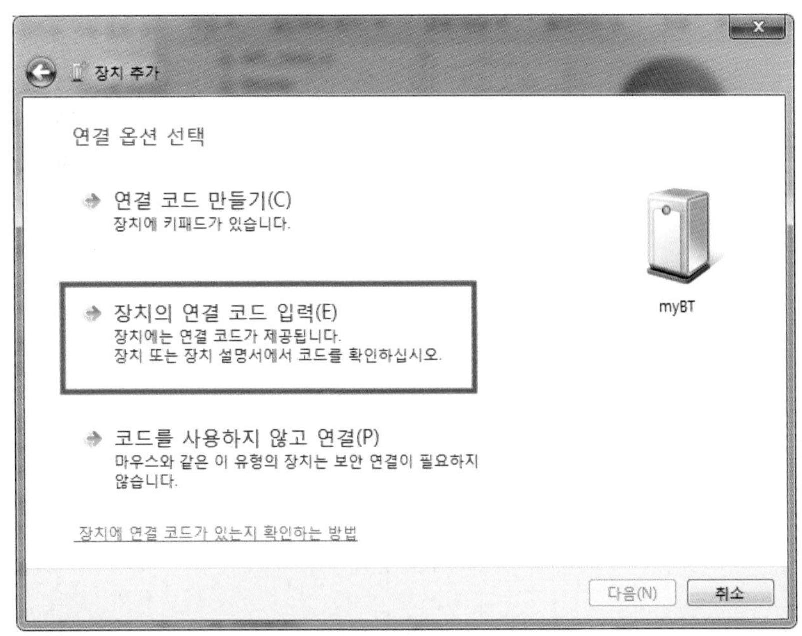

장치의 연결 코드 입력 선택

이제 블루투스 모듈의 비밀번호를 입력해야 합니다. 구매한 블루투스의 초기 비밀번호는 1234 또는 0000입니다. HC-06은 1234일 겁니다. 아래 그림처럼 입력하고 다음으로 넘어갑니다.("AT+PIN비밀번호" 명령어로 비밀번호도 수정 가능)

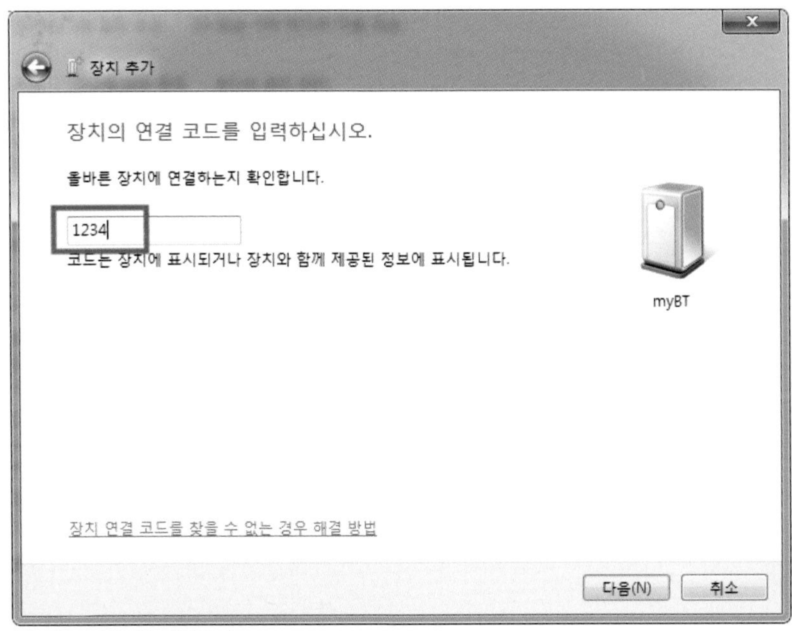

블루투스 비밀번호 입력하기

완료 메시지를 확인합니다.

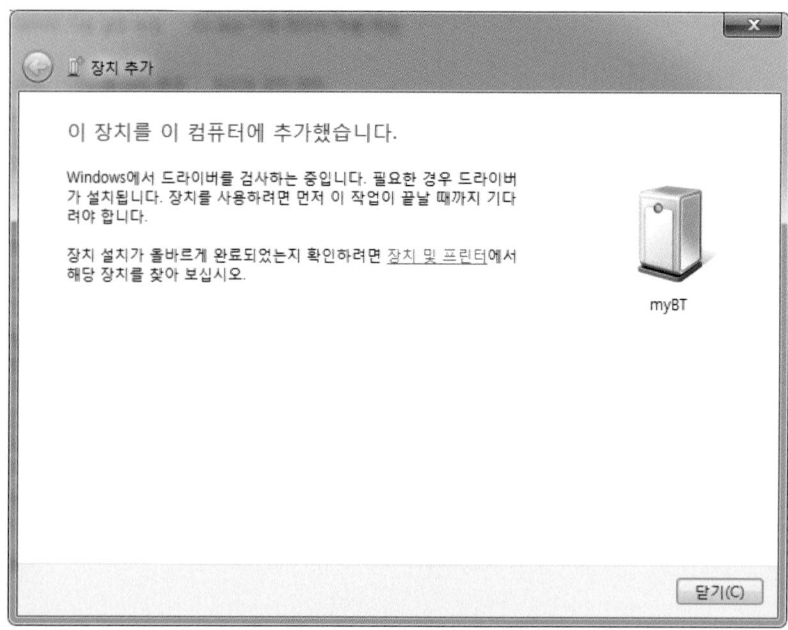

블루투스 등록 완료

그러면 컴퓨터에서 블루투스 통신 연결을 위한 드라이버 설치 작업이 자동으로 실행될 겁니다.

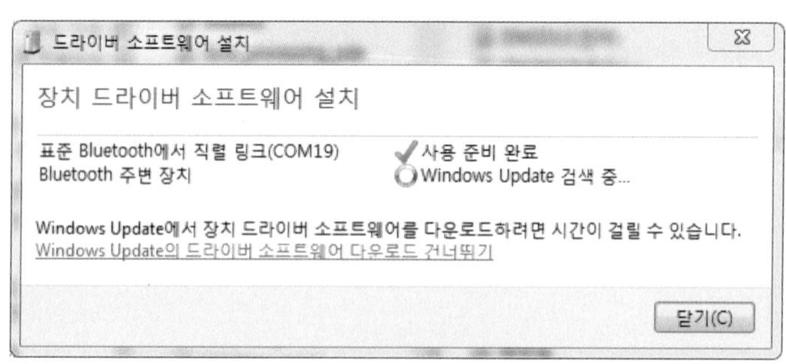

장치 드라이버 설치 중 메세지

드라이버 설치가 완료되면 장치 관리자 메뉴에 가셔서 아래 그림의 빨간 네모안의 글자가 생기는지 확인해 주세요.(COMxx가 2개인 이유는 하나는 블루투스 송신, 다른 하나는 수신을 담당하기 때문입니다.)

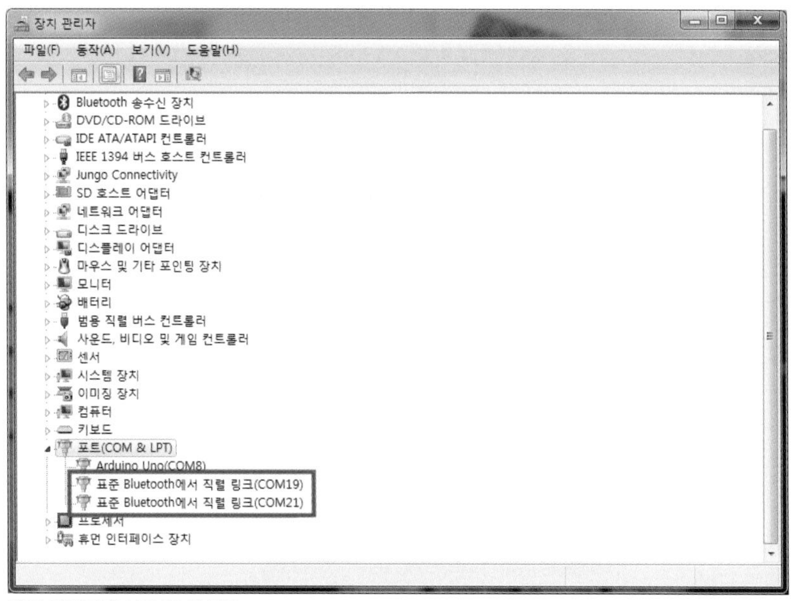

장치 드라이버 설치 중 메시지

이제 스크래치 오프라인 에디터를 실행시키세요. 그리고 스크래치 메뉴에서 Shift키를 누른 채로 [파일] ➜ HTTP 확장 기능 불러오기 ➜ EDU-ino Scratch 2.0 Extention File 2.0을 불러옵니다.

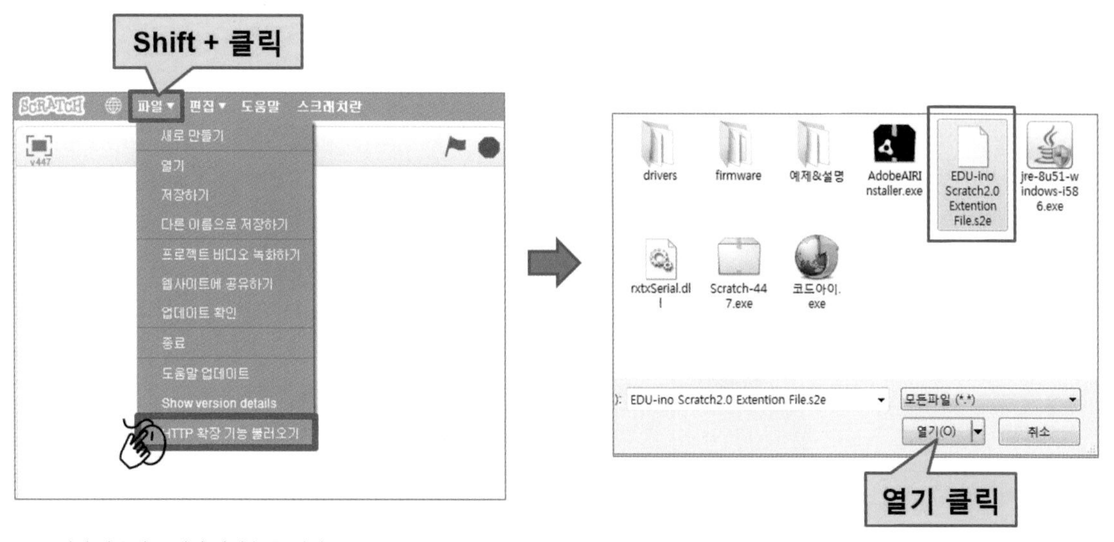

스크래치 아두이노 제어 명령 블록 열기

아래 그림처럼 아두이노 명령 블록이 확인된 상태에서, 아직 아두이노가 연결된 게 아니므로 빨간 불이 들어와 있습니다.

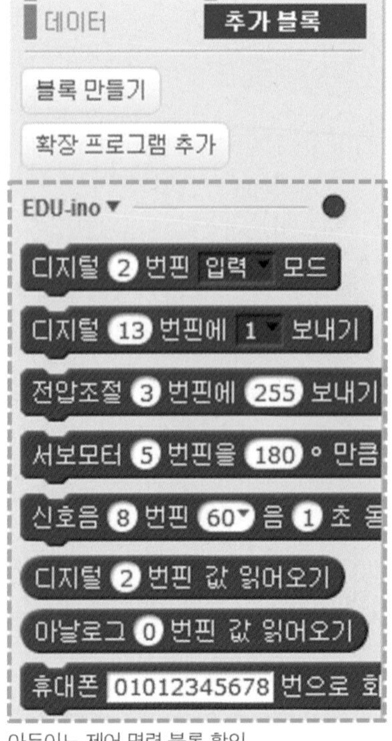

아두이노 제어 명령 블록 확인

이제 아두이노의 USB 유선 케이블은 제거하고, 건전지로 외부 전원을 아두이노에 연결시켜 줍니다. 아두이노에 USB 전원 외에 다른 방법으로 외부전원을 넣어주는 방법은 여러 가지가 있으므로 인터넷에서 "아두이노 외부 전원"을 검색하셔서 설명을 보고 다른 방법으로 외부전원을 넣어 주셔도 됩니다.

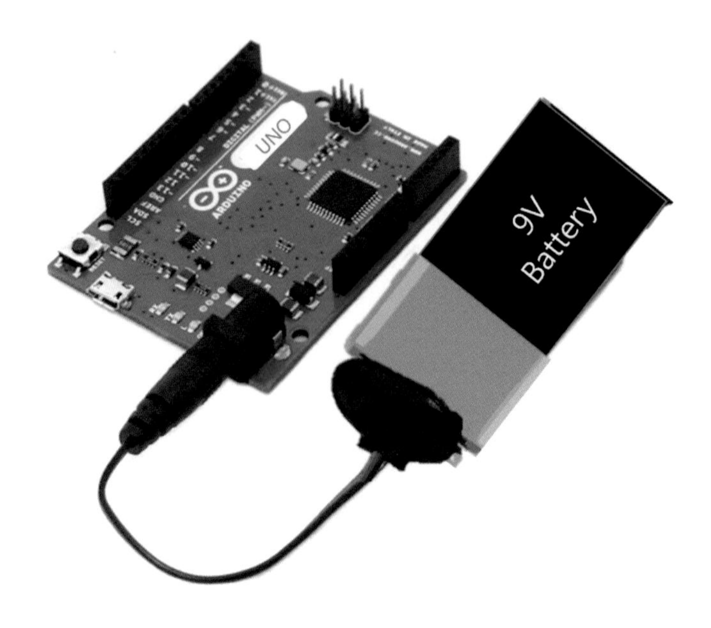

아두이노 외부 전원 연결

이제 아래 그림처럼 블루투스 모듈을 아두이노에 연결합니다. 주의하실 점은, 아까와는 다르게 블루투스의 TXD를 아두이노의 RXD로 연결하고, 블루투스의 RXD를 아두이노의 TXD로 연결해야 한다는 점입니다.

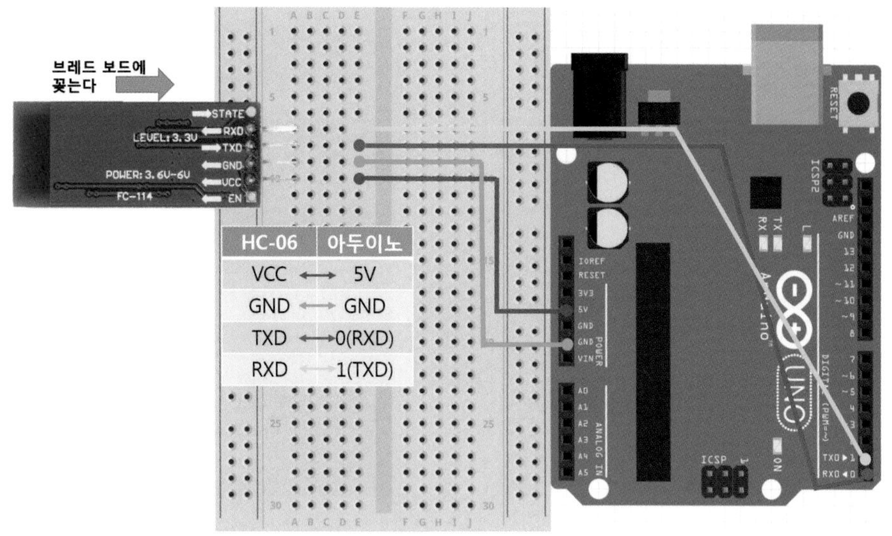

HC-06	아두이노
VCC ⟷	5V
GND ⟷	GND
TXD ⟷	0(RXD)
RXD ⟷	1(TXD)

블루투스와 아두이노 연결

블루투스의 LED가 깜빡이는지 확인하세요. 그리고 코드아이를 다시 열어서 포트 갱신을 클릭하시면 아래 그림처럼 새로운 COMxx 번호가 생길 겁니다. 그런데 2개의 COM이 생길 텐데, 하나씩 선택해서 "연결"버튼을 눌러보세요. 둘 중 하나가 블루투스와 연결이 될 겁니다.(대개 낮은 숫자의 COM입니다.) 블루투스와 연결이 되면 코드아이에서 연결 되었다는 메시지가 뜰 것입니다. 그리고 블루투스 모듈의 LED를 보시면 깜빡이던 것이 멈추고 계속 켜져만 있을 겁니다. 이 과정이 아래에 나와 있습니다.

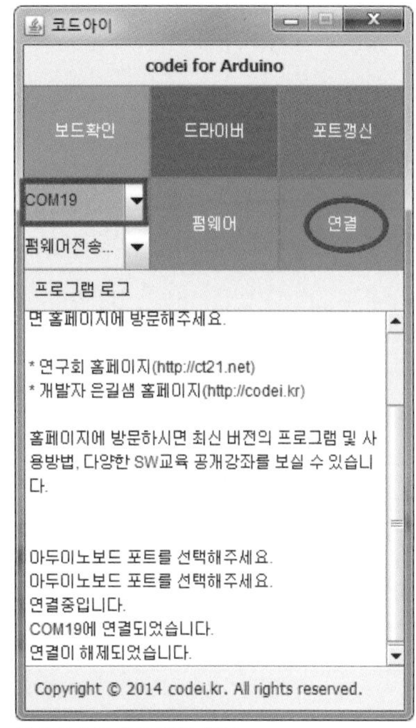

블루투스와 코드아이 연결

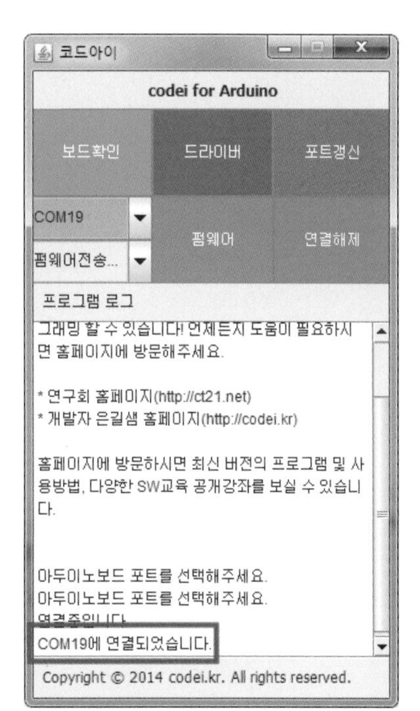

연결 확인 메세지

이제 스크래치에서 "디지털 13번 핀에 1/0 보내기"명령을 더블클릭하여 실행해 보세요. 그리고 아두이노에 내장되어 있는 LED(빨간 동그라미 부분)가 점멸 되는지 확인하세요.

아두이노 내장 LED 점멸 테스트

LED 점멸까지 확인하셨다면, 스크래치와 아두이노를 무선으로 연결시키는 과정이 모두 완료된 것입니다. 이제부터는 무선통신으로 몇 가지 프로젝트를 만들어 보도록 하겠습니다.

※ 블루투스 모듈의 이름, 속도, 비밀번호 등의 여러 가지 설정 명령어에 대한 자료를 아래 그림에 표시하였으니 참고하시길 바랍니다.

AT Commands

The HC-06 has a limited number of commands. You can rename the device, change the baud rate, and change the PIN/password. That's about it.

Command	Reply	Comment
AT	OK	Communications test
AT+VERSION	OKlinvorV1.8	Firmware version.
AT+NAMEmyBTmodule	OKsetname	Sets the modules name to "myBTmodule"
AT+PIN6789	OKsetPIN	Set the PIN to 6789
AT+BAUD1	OK1200	Sets the baud rate to 1200
AT+BAUD2	OK2400	Sets the baud rate to 2400
AT+BAUD3	OK4800	Sets the baud rate to 4800
AT+BAUD4	OK9600	Sets the baud rate to 9600
AT+BAUD5	OK19200	Sets the baud rate to 19200
AT+BAUD6	OK38400	Sets the baud rate to 38400
AT+BAUD7	OK57600	Sets the baud rate to 57600
AT+BAUD8	OK115200	Sets the baud rate to 115200
AT+BAUD9	OK230400	Sets the baud rate to 230400
AT+BAUDA	OK460800	Sets the baud rate to 460800
AT+BAUDB	OK921600	Sets the baud rate to 921600
AT+BAUDC	OK1382400	Sets the baud rate to 1382400

블루투스 모듈 설정 변경 명령어

초음파 센서 키 측정 장치

UNIT 1 초음파 센서 키 측정 장치

Section 16에서 블루투스 모듈을 이용해서 아두이노와 스크래치를 무선으로 연결하는 설정을 하였습니다. 이제부터는 무선으로 제어하는 아두이노의 첫 프로젝트로, 초음파 센서를 이용한 키 측정 장치를 만들어 보겠습니다.

01 아두이노에 센서 쉴드를 꽂고, 초음파 센서와 블루투스 모듈을 연결합니다.

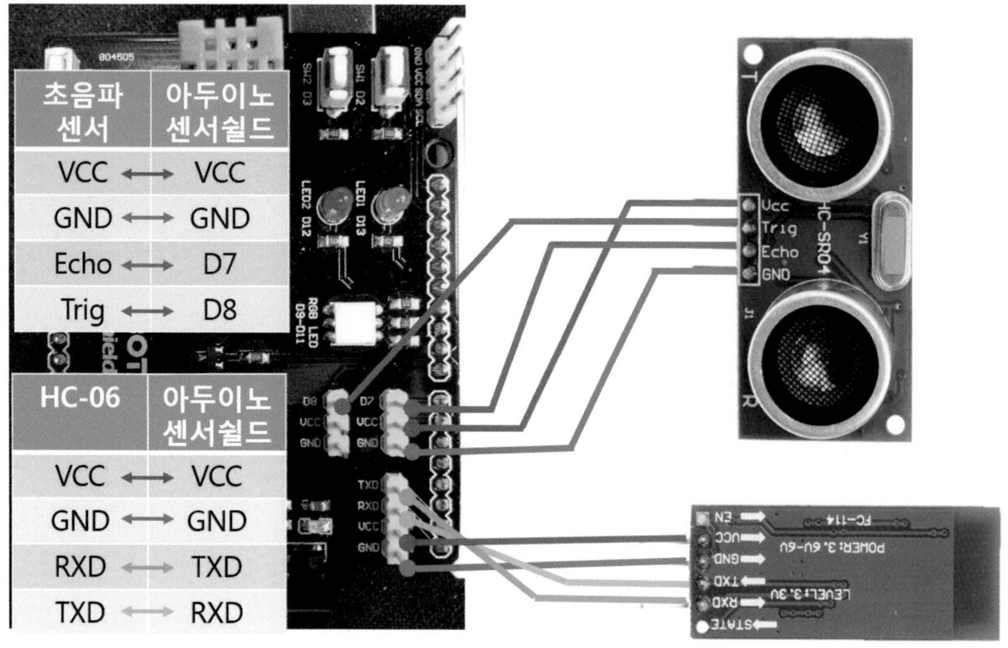

초음파 키 측정 장치 연결 그림

여기서 사용하는 초음파 센서는 모델명이 "HC-SR04"로써 3cm ~ 3m까지 거리를 측정할 수 있는 모듈입니다. 그래서 키를 재는 장치가 되려면 아래 그림처럼 벽에 2m되는 높이에 초음파 센서를 고정해야 합니다. 그리고 스크래치에서 "2m - 측정거리"를 계산하면 그 결과값이 곧 사람의 키가 됩니다.(사람이 초음파 센서 밑으로 가서 일직선으로 서야합니다.)

초음파 키 측정 장치를 벽 2m 높이에 고정하기

02 모든 하드웨어 연결이 완료되었다면 이제 스크래치 명령어를 만들어 봅시다. 스크래치를 시작하면 처음부터 있는 고양이 스프라이트에서 명령을 만들겠습니다. 초음파 센서의 측정값은 cm로 받아집니다. 그 측정값을 변수에 저장하기 위해서는 초음파 센서가 연결되어 있는 아두이노의 7번 핀을 "초음파 센서모드"로 설정해야 합니다. 그리고 디지털 7번 핀 값을 읽어오면 그 값이 바로 거리 값(cm)이 됩니다.(초음파 센서는 한쪽 동그란 부분에서 초음파를 발생시켜 물체에 반사된 초음파가 반대편 동그란 부분에 들어오면 그 거리값을 계산하여 알려주는 센서입니다.)

초음파 센서를 2m(200cm) 높이 벽에 설치하였기 때문에, 사람이 초음파 아래에 곧바로 선다고 하면 사람의 키값은 "200 – 초음파 센서 거리값"이 됩니다. 키값이 계산되면, 스페이스 키를 눌렀을 때 고양이가 그 키값을 말하면서 아두이노 센서 쉴드에 연결된 부저음(디지털 5번 핀)에서 "도레미"소리를 내도록 만들었습니다. 이 모든 과정이 아래 그림에 나와 있습니다.

```
클릭했을 때
디지털 7 번핀 초음파거리센서 모드
무한 반복하기
    초음파cm 을(를) 디지털 7 번핀 값 읽어오기 로 정하기
    키 을(를) 200 - 초음파cm 로 정하기

스페이스 키를 눌렀을 때
당신의 키는 와 키 결합하기 와 cm 입니다. 결합하기 말하기
신호음 5 번핀 60 음 1 초 동안 소리내기
신호음 5 번핀 62 음 1 초 동안 소리내기
신호음 5 번핀 64 음 1 초 동안 소리내기
```

키를 계산하는 명령어

이제 모든 명령어가 완성되었습니다. 초음파 센서 밑에 사람이 선 상태에서 스페이스 키를 눌러서 고양이가 키값을 말하는지 테스트해봅시다. 키값이 정확하게 잘 나오는지요? 초음파 센서는 약간의 오차가 있어서 100% 정확하지는 않을 겁니다.

키를 말해주는 고양이

무선 RC카 조종하기

(키보드 제어, 라인 트레이서)

무선 RC카 제어 (키보드 제어, 라인 트레이서)

이번 섹션에서는 아두이노와 스크래치의 무선 통신을 이용한 프로젝트의 마지막으로써, 무선 RC카 제어를 해봅시다. 우리가 사용할 무선 RC카는 아래와 같습니다.

아두이노 RC카

이 RC카는 전자부품 쇼핑몰에서 많이 파는 제품 중의 하나입니다. 이륜구동이고, 자동차가 쓰러지지 않도록 뒤쪽에 쇠구슬 바퀴가 하나 달려 있는 세발자전거 형태입니다. 자동차 상단에는 아두이노와 모터 드라이버 모듈, 브레드 보드, 그리고 하단에는 건전지와 적외선 센서 3개를 연결하였습니다.

우선 아두이노 RC카를 연결하는 그림을 소개하고, 키보드 화살표 키로 제어하는 명령어를 만들겠습니다. 그리고 적외선 센서를 이용한 라인 트레이서를 구현해 보도록 하겠습니다.

01 우리가 사용할 모터 드라이버 모듈은 DC 모터 2개를 연결할 수 있는 L298N 모듈입니다. 아래 그림처럼 아두이노와 모터 드라이버 모듈을 연결합니다.

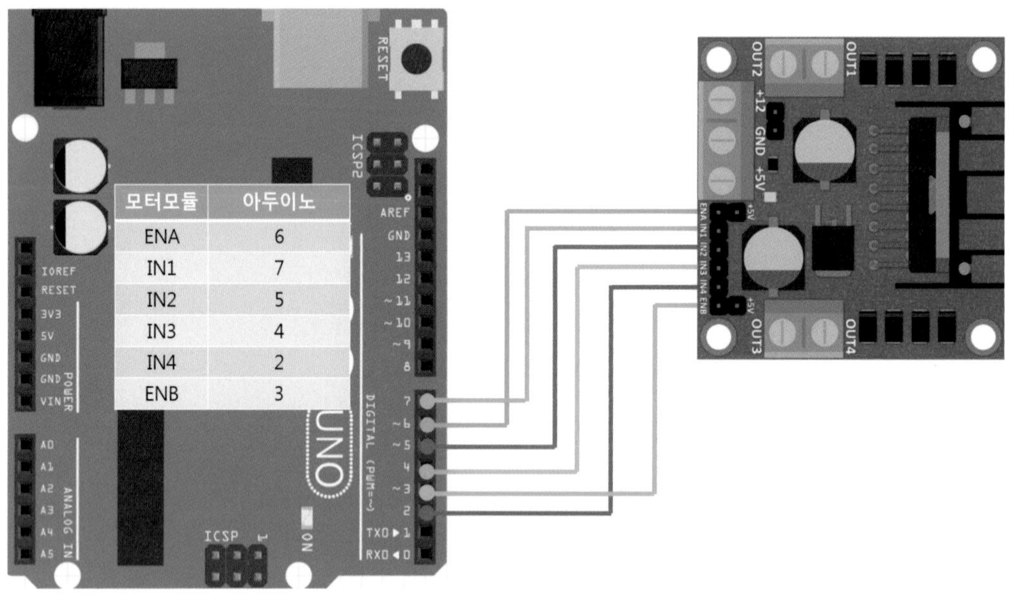

모터모듈	아두이노
ENA	6
IN1	7
IN2	5
IN3	4
IN4	2
ENB	3

아두이노와 모터 드라이버 모듈 연결

그리고 라인 트레이서를 제어하기 위한 적외선 센서 모듈(tcrt5000 module)3개를 아래 그림처럼 아두이노와 연결합니다.

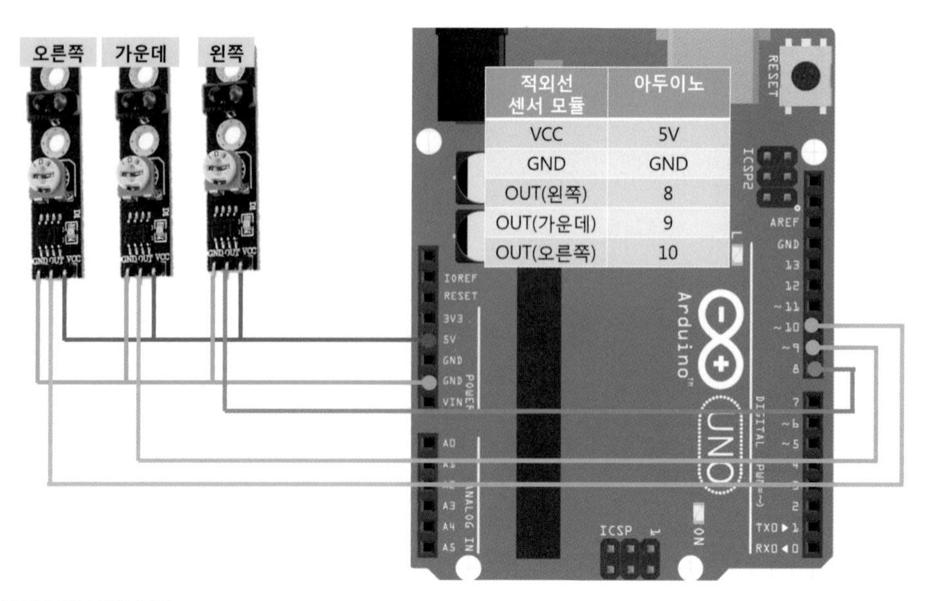

적외선 센서 모듈	아두이노
VCC	5V
GND	GND
OUT(왼쪽)	8
OUT(가운데)	9
OUT(오른쪽)	10

아두이노와 적외선 센서 모듈 연결

마지막으로 건전지(6 ~ 12V)와 DC 모터(바퀴역할) 2개를 아래 그림처럼 연결합니다.

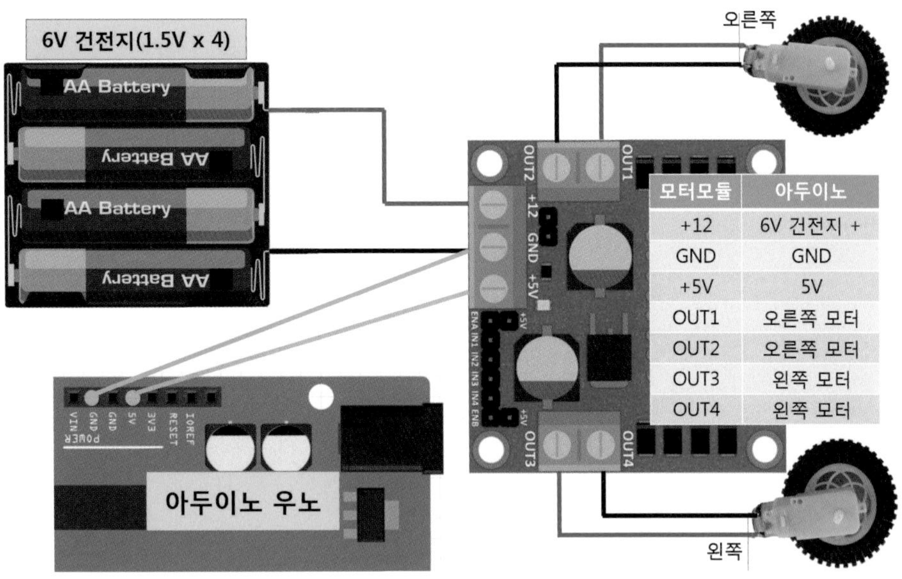

모터모듈	아두이노
+12	6V 건전지 +
GND	GND
+5V	5V
OUT1	오른쪽 모터
OUT2	오른쪽 모터
OUT3	왼쪽 모터
OUT4	왼쪽 모터

아두이노와 건전지, DC 모터 연결

또한, 아두이노의 전원은 9V 전원을 넣어주는 것이 가장 좋습니다.(9V 건전지 스냅을 이용해서 아두이노 잭에 연결하세요.)

02 이제 RC카의 모든 하드웨어 연결이 완료되었으니 자동차 운전을 위한 제어 명령을 만들어 봅시다. RC카도 앞에서와 마찬가지로 블루투스 무선 통신 연결을 한 상태여야 합니다.

고양이 스프라이트를 선택하셔서 명령어를 만들면 됩니다. 먼저 변수와 초기 상태 값을 아래 그림처럼 만듭니다.

초기화 설정

아두이노로 DC 모터를 돌리는 방법을 이해하는 것은 약간 복잡하고 공학적인 내용을 필요로 합니다. 여기에서는 아두이노 RC카를 무선으로 제어하는 명령어에 대한 자세한 설명을 피하고, 필자의 명령어를 따라 만든 다음 실제 RC카를 구동해 보는 데에 의의를 가지려고 합니다. 혹시 아두이노 RC카의 구동에 대한 공학적 이해를 원하시는 분은 필자의 블로그(cafe.naver.com/wootekken)를 참고해 주시길 바랍니다. 키보드의 방향키로 아두이노 RC카를 제어하려고 합니다. 정지, 전진, 후진 명령이 아래 그림에 나와 있습니다.

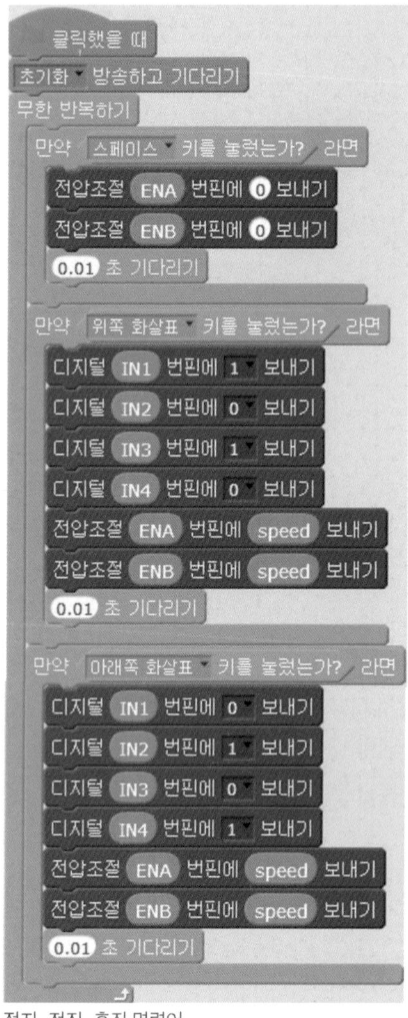

정지, 전진, 후진 명령어

좌회전, 우회전 명령어가 아래에 나와 있습니다.

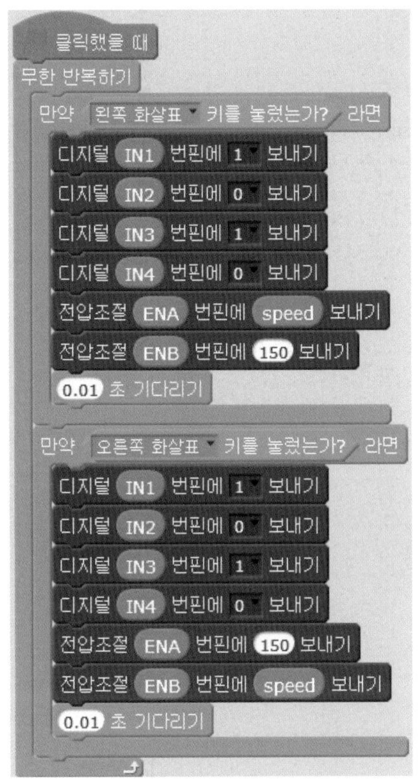

좌회전, 우회전 명령어

이제 키보드로 아두이노 RC카를 제어하는 명령어를 모두 완성했습니다. 아두이노와 스크래치를 블루투스 무선 통신으로 연결한 다음 키보드를 눌러서 자동차를 움직여 보세요. 블루투스 2.0 통신은 최대 무선 거리가 10m정도이므로 너무 멀리까지 자동차를 보내시면 안 됩니다.

03 마지막으로, 아두이노 RC카의 적외선 센서를 이용해서 라인 트레이서를 만들어 봅시다. 라인 트레이서란, 자동차가 검은색 라인 같은 것을 따라가게 만드는 것입니다. 아무런 명령을 따로 주지 않아도 자동차가 바닥의 검은색 라인을 따라가게 만들기 위해서는 자동차에 달려 있는 적외선 센서의 값을 이용해야 합니다. 적외선 센서는 흰색 바닥에는 0의 출력값을 반환해 주고, 검은색 라인에서는 1의 출력값을 반환해 줍니다. 그래서 아래 그림처럼 적외선 센서의 값에 따라서 전진, 좌회전, 우회전을 적절히 해주면 자동차가 검은색 라인을 따라가게 됩니다. ❶ 번은 왼쪽 적외선 센서가 검은색 라인에 닿고 나머지 센서는 흰색 바닥에 닿은 경우입니다. 이때는 좌회전 명령을 내려서 자동차가 검은색 라인으로 돌아오게 만듭니다. ❷, ❸ 번의 경우도 마찬가지로 적절한 제어 명령을 내려서 자동차가 검은색 라인에서 벗어나지 않도록 해주면 됩니다.

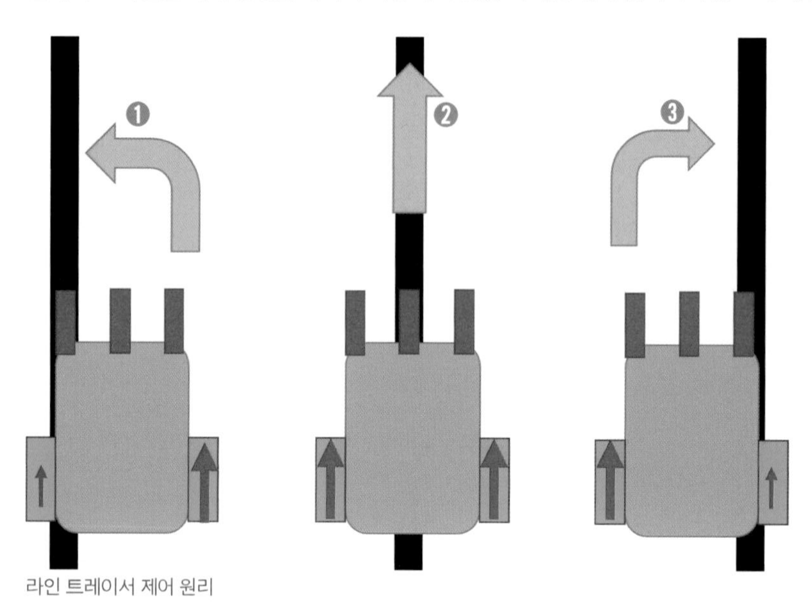

라인 트레이서 제어 원리

그럼 라인 트레이서 명령을 만들어 봅시다. 라인 트레이서 초기화 명령어는 아래 그림과 같습니다. 달라진 점은, 적외선 센서 모듈의 입력값을 확인하기 위해 디지털 8/9/10번이 입력모드로 설정된 것입니다.

라인 트레이서 초기화 명령어

3개의 적외선 센서의 출력값을 아래 그림처럼 저장합니다.

```
클릭했을 때
초기화 방송하고 기다리기
무한 반복하기
  sLeft 을(를) 디지털 8 번핀 값 읽어오기 로 정하기
  sCenter 을(를) 디지털 9 번핀 값 읽어오기 로 정하기
  sRight 을(를) 디지털 10 번핀 값 읽어오기 로 정하기
  0.01 초 기다리기
```

라인 트레이서 적외선 센서값 저장하기

정지, 전진, 후진, 좌회전, 우회전 명령어를 만들어 줍니다. 혹시 급하게 자동차를 정지시켜야 할 일이 있을 수 있으므로 스페이스 키를 누르면 정지 명령이 실행되게 해줍니다.

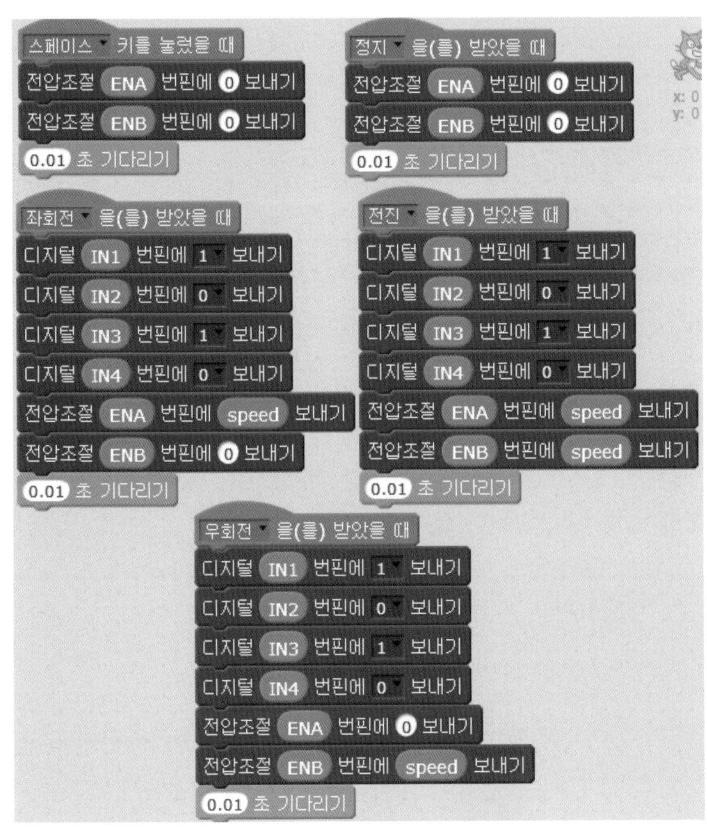

정지, 전진, 좌회전, 우회전 명령어

이제 라인 트레이서의 가장 핵심 명령어 부분입니다. 적외선 센서가 검은색 라인에 닿으면 출력값이 1이고, 흰색에 닿으면 0입니다. 그리고 아래 그림의 원리를 이용해서 적절히 좌회전, 우회전을 해주면 됩니다. 참고로 3개의 센서가 모두 검은색에 닿게 되면 정지를, 모두 흰색에 닿게 되면 전진을 하도록 만들어 검은색 라인을 찾아 계속 움직이도록 했습니다.

```
클릭했을 때
무한 반복하기
  만약 sCenter = 1 그리고 sRight = 1 그리고 sLeft = 1 라면
    정지 방송하고 기다리기
  아니면
    만약 sCenter = 0 그리고 sRight = 0 그리고 sLeft = 0 라면
      전진 방송하고 기다리기
    아니면
      만약 sCenter = 1 라면
        전진 방송하고 기다리기
      아니면
        만약 sRight = 1 라면
          우회전 방송하고 기다리기
        아니면
          만약 sLeft = 1 라면
            좌회전 방송하고 기다리기
```

라인 트레이서 제어 명령어

이제 라인 트레이서 제어를 위한 모든 명령어를 완성했습니다. 흰 도화지에 검은색 라인을 그려서(검은 테이프를 붙여도 됨) 라인 트레이서를 테스트 해보시길 바랍니다.

라인 트레이서 테스트

저자 협의
인지 생략

Scratch · Arduino · Leap Motion
스크래치 아두이노 립모션

1판 1쇄 인쇄 2016년 9월 1일
1판 1쇄 발행 2016년 9월 5일

지 은 이 우지윤
발 행 인 이미옥
발 행 처 디지털북스
정 가 18,000원
등 록 일 1999년 9월 3일
등록번호 220-90-18139
주 소 (04987) 서울 광진구 능동로 32길 159
전화번호 (02) 447-3157~8
팩스번호 (02) 447-3159

ISBN 978-89-6088-188-4 (93560)
D-16-13